Sabine Prohaska - Harald Schmid

Der frühe Vogel fängt den Wurm

ANSICHTEN & LÖSUNGSIDEEN ZUR KONFLIKTARBEIT IN ORGANISATIONEN

Copyright	© 2022 Mag. Sabine Prohaska, Mag. Harald Schmid
Coverabbildung	© Adobe Stock
Covergestaltung	m.en-Software • www.endrizzi.at
Satz & Layout	m.en-Software • www.endrizzi.at

Druck und Vertrieb: im Auftrag der Autor:innen: Buchschmiede von Dataform Media GmbH, Wien
www.buchschmiede.at

ISBN: 978-3-99139-150-0 (Paperback)
ISBN: 978-3-99139-149-4 (E-Book)
Printed in Austria

Inhalt

Vorwort

Kaum jemand mag Konflikte, wir streben lieber nach Harmonie. Doch egal ob privat oder beruflich - ein Leben in Eintracht ist halt nicht immer einfach. Das ist wohl mit ein Grund, warum es so viele Bücher zum Thema „Umgang mit Konflikten“ gibt. Wir haben dieser Auswahl nun ein weiteres Exemplar hinzugefügt. Basis dafür: Unsere langjährigen Erfahrungen in der betrieblichen Konfliktarbeit.

Fehlendes Bewusstsein über die Auswirkungen von Konflikten und mangelnde Fähigkeiten, Konflikte konstruktiv zu thematisieren – das sind kurz gefasst jene beiden Aspekte, die unserer Ansicht nach hauptverantwortlich dafür sind, dass Konflikte in Unternehmen oft eskalieren. Fehlendes Bewusstsein führt dazu, dass Konflikte entweder gar nicht oder zu spät angesprochen werden. Und mangelnde Kompetenz in der Konfliktbearbeitung macht sehr häufig ein Problem erst zu einem richtigen Drama.

Bewusstseinsbildung und Lösungsfindung in der innerbetrieblichen Konfliktarbeit – das sind auch die zentralen Elemente in diesem Buch. Und so haben wir unser Werk auch strukturiert. Das erste Kapitel „Ansichten und Erfahrungen“ setzt sich aus verschiedenen Beiträgen rund um das Thema „Konflikte in Unternehmen“ zusammen. Diese Artikel basieren auf den Erfahrungen und Eindrücken, die wir in der Konfliktberatung immer wieder aufs Neue machen.

Durch das Aufzeigen von destruktiven Mustern und Verhaltensweisen der Beteiligten im Umgang mit Konflikten, wollen wir Sie, liebe Leserschaft, sensibilisieren und in weiterer Folge auch motivieren, im Anlassfall rechtzeitig zu reagieren und zu intervenieren. Wenn Konflikte zeitnah thematisiert werden, ist das aus unserer Sicht der erste wichtige Schritt, um für zwischenmenschliche Probleme Lösungen zu finden, die auch nachhaltig wirken.

Bei den meisten Beiträgen in diesem Kapitel finden Sie einen Verweis auf einen Tipp oder ein Werkzeug aus dem nachfolgenden Kapitel. Grafisch sind diese Verweise als Zahnradsymbol am Seitenrand visualisiert. Unter dem Symbol befindet sich die Seitenangabe für den dazupassenden Tipp. Wir möchten Ihnen damit sofort konkrete Handlungsoptionen für die entsprechende Situation aufzeigen.

Was im Konfliktfall konkret getan werden kann und welche vielfältigen Handlungsalternativen dabei denkbar sind, beschreiben wir im zweiten Kapitel „Tipps und Werkzeuge zur Konfliktlösung“. In diesem Teil des Buches geht es um die Anwendung praktikabler Gesprächstechniken, den Einsatz von hilfreichen Checklisten und vor allem um die richtige Einstellung und Haltung, wenn es darum geht, für Probleme gemeinsame Lösungen zu finden.

Aus der Praxis, für die Praxis – das ist der Leitgedanke in unseren gemeinsamen Trainings und Ausbildungen im Konfliktmanagement (siehe dazu Seite 124 – „Lehrgang zum Konfliktberater“). Diesem Grundsatz wollen wir auch bei der Gestaltung dieses Buches treu bleiben. Daher beschreiben wir im dritten und abschließenden Kapitel konkrete Fallbeispiele aus unserer betrieblichen Konfliktarbeit. Und zwar in Form von Übungsbeispielen, versehen mit unseren Lösungsvorschlägen.

Nachdem wir seit vielen Jahren im betrieblichen Konfliktmanagement tätig sind, hat sich bei uns einiges an Erfahrungswissen angesammelt, das wir beide schon seit einiger Zeit und mit viel Leidenschaft in Form von Fachartikeln, Büchern und Blogbeiträgen weitergeben. Daher mussten wir für dieses Buch das Rad nicht neu erfinden. Im Gegenteil: „Der frühe Vogel fängt den Wurm“ setzt sich de facto aus einem Best-Of bereits von uns veröffentlichter Beiträge zusammen. Wir haben in unserer Schatzkiste gekramt und hoffentlich das Beste für Sie herausgeholt.

Zum Teil mussten wir einzelne Beiträge für dieses Buch adaptieren und umschreiben, einige haben wir komplett neu geschrieben, aber der eine oder andere Artikel findet sich vermutlich exakt mit gleichem Wortlaut als Fach- oder Blogbeitrag auf einschlägigen Fachportalen im Netz.

Dass sich die Struktur dieses Buches aus einzelnen Artikeln zusammensetzt, die alle auch für sich alleine stehen können, bringt den Vorteil, dass das Buch auf verschiedene Arten gelesen werden kann. Entweder klassisch – also Seite für Seite und Artikel für Artikel. Oder in Form eines Nachschlagewerkes, bei dem anhand des Inhaltsverzeichnisses ein einzelner Beitrag mit einer aktuellen Thematik herausgegriffen wird. Um sich danach einem anderen interessanten Konfliktthema zuzuwenden. Beide Lesevarianten sind möglich.

Abschließend noch ein Aspekt, der uns in unserer Beratungshaltung besonders wichtig ist und der auch beim Lesen dieses Buch beherzigt werden sollte: Viele der nachfolgenden Beiträge über betriebliche Konfliktarbeit beschäftigen sich mit der Rolle und Haltung von Führungskräften. Und das auch mit gutem Grund. Führungskräfte stehen in der Verantwortung, wenn es um Konflikte im Team geht. Und sie haben in der Regel weit mehr Steuerungsmöglichkeiten als ein einzelnes Teammitglied.

Festhalten möchten wir auch, dass für konstruktive und nachhaltige Konfliktlösungen im Team immer alle Beteiligten in der Verantwortung stehen. Das allein der Führungskraft zuzuschreiben wäre unfair und nicht zielführend. Und nicht selten geht die Konfliktarena über das unmittelbar betroffene Team hinaus. Weil der Auslöser eines Teamkonfliktes vielleicht strukturell oder kulturell bedingt ist. Daher sind für eine gesunde (und notwendige) Streitkultur in einem Unternehmen alle handelnden Personen mitverantwortlich: Geschäftsführung, Belegschaftsvertretung, HR-Abteilung, Führungskräfte und auch die Mitarbeitenden.

Wir hoffen, Ihnen nun Lust auf mehr gemacht zu haben. Oder wie es jemand anderer so treffend auf den Punkt gebracht hat:

„Schreib den ersten Satz so, dass der Leser unbedingt auch den zweiten lesen will.“
(William Faulkner, US-Schriftsteller)

Wien, Juli 2022

Teil 1: Ansichten & Erfahrungen

Einleitende Gedanken

„Wenn jemand eine Reise tut, so kann er was erzählen." Diese Volksweisheit lässt sich sinngemäß auch auf unsere nachfolgenden Gedanken und Ansichten zum Thema „Konfliktarbeit in den Unternehmen" ummünzen. Wer, so wie wir, seit Jahren in der betrieblichen Konfliktberatung tätig ist, hat viel erlebt. Und genau das wollen wir in diesem Kapitel weitergeben. Allerdings nicht mittels konkreter Fallbeispiele, das ließe sich nicht mit unserer Verschwiegenheitspflicht als externe Konfliktberater vereinbaren. Wir wollen in den folgenden Beiträgen vielmehr auf Dynamiken, Verhaltensmuster und Auffälligkeiten hinweisen, die uns in der betrieblichen Konfliktarbeit immer wieder unterkommen.

Eskalierende Konflikte sind häufig multikausal und in der Regel ein Konglomerat aus vielen unterschiedlichen Einflussfaktoren. Persönliche Werte und Einstellungen der beteiligten Personen, Rollenverständnis und Handlungskompetenzen der involvierten Führungskräfte, Kommunikations- und Konfliktkultur im jeweiligen Unternehmen, gesellschaftliche Trends und Rahmenbedingungen – diese und andere Komponenten haben einen entscheidenden Einfluss darauf, wie sich Konflikte entwickeln.

Welche unterschiedlichen Typen erleben wir in der täglichen Konfliktarbeit? Wie verhalten sich Führungskräfte in Konfliktsituationen? Was passiert, wenn die Kommunikation im Team gestört ist? Was zeichnet lösungsorientierte Unternehmenskulturen aus? Welchen Preis müssen jene Unternehmen zahlen, die zu spät oder unverhältnismäßig auf Konflikte reagieren? Und wie wirken sich gesellschaftliche Krisen auf den Zusammenhalt in den Unternehmen aus? Zu diesen und anderen Fragestellungen haben wir uns Gedanken gemacht und diese in Form von 20 Beiträgen formuliert.

Zusätzlich haben wir jeden dieser Beiträge mit einem Verweis auf mögliche Interventions-Tools versehen, die beim geschilderten Konfliktthema passend und wirksam sind. Dadurch wollen wir die „Usability" des Buches für unsere Leserinnen und Leser optimal gestalten und gleichzeitig einen Vorgeschmack auf unser Kapitel „Tipps und Werkzeuge zur Konfliktlösung" liefern.

Abschließend möchten wir noch festhalten, dass die Beiträge unsere subjektiven Wahrnehmungen und Meinungen wiedergeben „Aus der Praxis für die Praxis" – das, was wir tagtäglich in der Konfliktberatung erleben, haben wir in Worte gefasst. Möglicherweise werden manche unserer

Leserinnen und Leser andere Meinungen und Ansichten vertreten. Wunderbar, es lebe der Unterschied!

Viel Spaß beim Schmökern!

Der ungelöste Konflikt | Ein Spiel mit dem Feuer

Viele Menschen verbinden den Begriff Konflikt mit unangenehmen Gefühlen. Verdrängung heißt dann das Zauberwort. In einer Welt, in der alles als „easy going“ dargestellt wird, haben wir den Umgang mit Unterschieden verlernt. Das ist schade – denn damit nehmen wir uns die Chance, nach Sinn und Nutzen eines Konfliktes zu fragen.

Und dieses Verhalten ist riskant. Konflikte, die nicht gelöst werden, entwickeln eine unberechenbare Eigendynamik, bis sie eskalieren. Meistens zum ungünstigsten Zeitpunkt. Und dann wird es erst richtig unangenehm - und im Business teuer.

Im Konflikt einen Nutzen zu sehen, haben wir nicht gelernt

In unserer westlichen Kultur passt die Kombination „Konflikt + Sinn“ nicht ins logische Denkmuster. Reden wir von einem Konflikt, dann meinen wir in der Regel zwei sich widersprechende Aussagen zu einem Thema. Und einem gängigen Konfliktverständnis nach, muss immer eine dieser Meinungen falsch sein.

Dieses „Schwarz-Weiß“-Denken hat den Vorteil, dass wir uns sehr schnell ein Urteil bilden können. Je nach unseren Erfahrungen, Einstellungen und Werten stimmen wir dann einer Meinung zu oder lehnen diese ab. In der betrieblichen Praxis bedeutet das meistens, dass ein Konflikt im besten Fall durch eine einseitige autoritäre Entscheidung beendet wird.

Ganz anders ist der Zugang zum Konflikt in den asiatischen Kulturen. Beispielhaft dafür ein Zitat des chinesischen Philosophen Lao-Tse „Nur wer beide Seiten einer Medaille betrachtet, ist im Besitz der ganzen Wahrheit .“ Diese Haltung führt in der Regel dazu, dass die Konfliktursache ergründet, ein breites Lösungsspektrum erarbeitet und eine nachhaltige Konsenslösung gefunden wird.

87

Während in asiatischen Ländern bis zu 90 % der Konflikte durch Konsens gelöst werden, gilt in unseren Unternehmen sehr oft der Grundsatz: „Nichts hören, nichts sehen, nichts sagen“. Wegschauen, aussitzen und negieren - durch diese destruktiven Verhaltensweisen wird ein Konflikt erst so richtig gefährlich.

Ein ungelöster Konflikt ist wie eine tickende Zeitbombe

„Konflikte sind Führungsfehler“ – diese falsche Denkweise führt bei vielen Führungskräften dazu, einen Konflikt so lange wie möglich zu leugnen. Zur Unsicherheit im Umgang mit Konflikten kommt die Sorge vor einem Gesichtsverlust. In dieser scheinbar ausweglosen Situation wird dann mit „Business as usual“ reagiert.

Einen Konflikt haben ist kein Führungsfehler. Überall dort, wo Menschen miteinander in Beziehung treten, wird es über kurz oder lang zu Konflikten kommen. Das ist normal und unvermeidlich. Wenn man sich dem Thema früh genug und sachlich stellt, ist es auch meistens keine große Affäre.

Einen Konflikt als Führungskraft zu verdrängen oder nur oberflächlich zu lösen, das ist echtes Führungsversagen. Diesen Führungskräften ist nicht bewusst, dass sie damit eine Zeitbombe aktivieren. Konflikte, die nicht gelöst werden, entwickeln eine unberechenbare Eigendynamik. Wenn sie nicht aktiv gelöst werden, kommt es irgendwann zur Eskalation. Meistens zum ungünstigsten Zeitpunkt – mitten in einem wichtigen Projekt oder bei Ressourcenengpässen.

Wenn Führungskräfte einen Konflikt verdrängen, nehmen sie sich dadurch auch die Möglichkeit zu steuern. Und diese Passivität kann teuer werden – durch den konfliktbedingten Verlust von wichtigen Kunden oder wertvollen Mitarbeitern.

Konfliktarbeit ist Führungsarbeit

Seit Jahren hat das Thema Konfliktmanagement in der Führungskräfte-Ausbildung einen hohen Stellenwert. Völlig zurecht, denn Konfliktarbeit ist Führungsarbeit. Und Konflikte zu managen, das wird ein zentrales Thema in den kommenden Jahren sein. Denn, je unsicherer die Zeiten, desto mehr ist mit Konflikten zu rechnen.

> *„Bildung zeigt sich bei Mann und Weib dadurch, wie sie sich streiten."*
> *(George B. Shaw, Nobelpreisträger)*

Konfliktkosten sind wie Eisberge | Die großen Risiken bleiben lange unsichtbar

Wo immer Menschen zusammenarbeiten, treffen unterschiedliche Persönlichkeiten und Meinungen aufeinander. Die daraus resultierenden Konflikte sind normal und unvermeidbar. Entscheidend ist die Etablierung eines professionellen Konfliktmanagements in einem Unternehmen – sonst explodieren die Konfliktfolgekosten.

Kaum ein anderes Bild trifft die Risiken und Kosten von Konflikten besser als jenes eines Eisberges. Schon der kleine, sichtbare Teil kann sehr gefährlich werden. Wirklich gravierend können jedoch die Folgen bei langanhaltenden Konflikten sein. Vor allem deshalb, weil das ganze Ausmaß der damit verbundenen Konfliktfolgekosten – wie bei einem Eisberg – oft erst sehr spät sichtbar wird.

Konflikte zu lösen, heißt Kosten zu sparen

Steigende Fehlzeiten durch Krankenstände, ein schnelles Ansteigen der Fluktuation und daraus resultierend in Summe eine Zunahme von Ineffizienz in den Arbeitsprozessen der betroffenen Bereiche. Das sind einige jener Auswirkungen, die innerhalb einer Organisation bei einem Konflikt häufig wahrgenommen werden. Bereits dieses Kostenpotential ist beträchtlich. Und trotzdem ist das erst die Spitze des Eisbergs.

Eine von KPMG Deutschland 2009 durchgeführte Konfliktkostenstudie in deutschen Industrieunternehmen lässt erahnen, welche enormen Kosten durch innerbetriebliche Reibungsverluste entstehen können. Hier einige Kernaussagen:

- 10 bis 15 Prozent der Arbeitszeit in jedem Unternehmen werden für Konfliktbewältigung verbraucht
- 30 bis 50 Prozent der wöchentlichen Arbeitszeit von Führungskräften werden direkt oder indirekt mit Reibungsverlusten, Konflikten oder Konfliktfolgen verbracht
- 1 Prozent des gesamten Personalaufwandes gehen jährlich für unverarbeitete Konflikte verloren

Das zeigt ein immenses Kosteneinsparungspotential, vor allem in Form von gewonnener Arbeitszeit von Führungskräften und Mitarbeitenden.

Während Fehlzeiten von Mitarbeitenden und ein Ansteigen der Fluktuation in den Unternehmen noch relativ leicht als Folge eines Konfliktes erkannt werden können, gibt es bei lang andauernden Konfliktsituationen eine Fülle von Folgekosten, die erst mit Zeitverzug sichtbar werden. Und die dann dramatische Auswirkungen haben können.

Die großen Gefahren bleiben lange unsichtbar

Wenn ein Konflikt nicht erkannt wird oder es nicht möglich ist, diesen zu lösen, kann es für das betreffende Unternehmen kritisch werden. Durch die zunehmende Frustration der Beteiligten steigt täglich das Risiko, dass der Konflikt in andere Arbeitsbereiche oder in Richtung Kunden getragen wird.

Das kann gravierende Auswirkungen haben:

- kontraproduktives oder betriebsschädigendes Verhalten von Mitarbeitenden
- nicht getätigte Aufträge wegen Demotivation
- eine Flucht der Beteiligten in die innere Kündigung
- das Risiko von Mobbing-Fällen mit arbeitsgerichtlichen Folgen
- einen Imageschaden in der Öffentlichkeit
- den Verlust von wichtigen Kunden

Das Gefährliche an den oben genannten Beispielen ist, dass diese Folgen – wenn überhaupt - erst nach einiger Zeit ans Tageslicht kommen. Dann wurde der "Eisberg" aber bereits gerammt und ein irreparabler Schaden angerichtet.

Konflikte zu managen, bedeutet vor allem, Risiken zu managen

Wie bereits erwähnt, sind Reibungsverluste und Konflikte in Unternehmen
85 nicht zu vermeiden. Umso wichtiger ist es für jede Organisation, sich aktiv und lösungsorientiert im Anlassfall damit auseinanderzusetzen. Gerade in Krisenzeiten, wenn aufgrund sinkender Nachfrage der Kostendruck in vielen Unternehmen wieder steigt, darf auf das Einsparungspotential bei den Konfliktkosten nicht vergessen werden.

Ein professionelles, unternehmensinternes Konfliktmanagement sollte jedenfalls folgende Punkte beinhalten:

67 - eine präventive Sensibilisierung und Qualifizierung von
69 Mitarbeitenden und Führungskräften im Umgang mit Konflikten

- eine professionelle und lösungsorientierte Intervention, wenn ein Konflikt unkontrolliert zu eskalieren droht
- ein unterstützendes Coaching der involvierten Führungskräfte zur Reflexion der Gesamtsituation und zur Entwicklung von Handlungsalternativen

„Man löst keine Probleme, indem man sie auf Eis legt."
(Winston Churchill, britischer Premierminister)

Konfliktanalyse | Einen Konflikt verstehen heißt, dahinter zu sehen

Wenn es im Team zu Spannungen kommt, dann ist die Führungskraft gefordert. Aber Unstimmigkeiten oder Konflikte im Team anzusprechen, steht ganz am Ende im Beliebtheitsranking der Aufgaben von Führungskräften.

Daher verwundert es auch nicht, dass viele Führungskräfte im Anlassfall nach dem Motto agieren: „Wasch mir den Pelz, aber mach mich nicht nass". Diese oberflächliche Konfliktbereinigung kann jedoch ins Auge gehen.

Was man sieht, ist nicht das, worum es geht

Zwei Männer streiten in einer Bibliothek. Der eine möchte das Fenster offen haben, der andere geschlossen. Sie zanken herum, wie weit man es öffnen soll: einen Spalt, halb, dreiviertel, ganz offen. Keine Lösung befriedigt beide.

Die Bibliothekarin kommt herein. Sie fragt den einen, warum er denn das Fenster öffnen möchte. „Ich brauche frische Luft". Sie fragt den anderen, warum er das Fenster lieber geschlossen hat: „Wegen der Zugluft". Nach kurzem Nachdenken öffnet sie im Nebenraum ein Fenster weit. Auf diese Weise kommt frische Luft herein, ohne dass es zieht.

Zugegeben – ein sehr simples Beispiel. Aber es zeigt gut, was in der Konfliktlösung der Schlüssel zum Erfolg ist. Es geht nicht um das sichtbare Thema „Fenster auf oder zu", sondern um die Interessen und Bedürfnisse, die hinter den Streitpositionen liegen. Erst mit dem Wissen über die eigentlichen Motive der Konfliktpartner – „Ich brauche frische Luft" und „Wegen der Zugluft" – ist eine nachhaltige Lösung des Konfliktes möglich.

Für Führungskräfte heißt das, die Ausgangssituation genau zu analysieren und die Interessen der beteiligten Konfliktparteien sind sichtbar zu machen. Erst danach geht es in die Lösungsfindung.

69

Konfliktarbeit in der betrieblichen Praxis

Von der oben skizzierten Konfliktanalyse ist die gelebte betriebliche Praxis weit entfernt. Die Konfliktkultur in vielen Unternehmen zeichnet sich in der Regel dadurch aus, dass Konflikte so lange wie möglich ignoriert oder verdrängt werden. Die Unsicherheit von Führungskräften im Umgang mit Konfliktsituationen ist einer der Gründe für dieses defensive Verhalten.

Nach wie vor hindert auch ein falsch verstandenes Rollenbild viele Führungskräfte daran, rasch und transparent auf vorhandene Spannungen und Unstimmigkeiten in ihren Teams zu reagieren. „Konflikt = Fehler“ und „Fehler darf ich mir als Führungskraft nicht erlauben“ – diese Sichtweise ist in vielen Köpfen verankert. Die logische Konsequenz – es kann nicht sein, was nicht sein darf. Verdrängung heißt das Zauberwort.

Dabei ist es vollkommen normal, dass überall dort, wo Menschen über einen längeren Zeitraum miteinander interagieren, Konflikte entstehen. Nicht der Konflikt an sich ist das Übel, sondern die Art und Weise, wie damit umgegangen wird.

Symptombehandlung statt Ursachenforschung

Aufgrund mangelnder Konfliktkompetenz versuchen Führungskräfte oft in Einzelgesprächen, „harmonisierend“ auf die Streitparteien einzuwirken. Mit Statements wie „Reißt euch zusammen“ wird an die Vernunft der Mitarbeitenden appelliert. Mit dem Ziel, möglichst schnell wieder den Mantel des Schweigens über die Situation zu breiten.

Oder es findet sofort ein „Hearing“ statt, indem alle Beteiligten die Möglichkeit haben, die Situation aus ihrer Sicht darzustellen. Unmittelbar danach entscheidet die Führungskraft, was nun zu tun ist. Ohne die Bedürfnisse der Beteiligten und mögliche Hintergründe zu hinterfragen. Oft werden Dienstanweisungen oder sonstige Regelungen erlassen, in der Hoffnung, damit möglichst schnell wieder den „Normalzustand“ herzustellen.

Die Überraschung bei Führungskräften ist dann groß, wenn nach kurzer Zeit die nächste und viel brisantere Konfliktsituation im Team sichtbar wird.

Nur ein „Cool down“ bringt Klarheit über die nächsten Schritte

Wenn es Ihnen als Führungskraft jedoch gelingt, die unterschiedlichen Aspekte einer Konfliktsituation wertschätzend zu betrachten und Sie sich ausreichend Zeit für diesen Prozess nehmen, werden Sie dadurch der Konfliktsituation einen Teil der Dramatik und Schwere nehmen können. Und sich damit auch selbst emotional entlasten.

Dieser Schritt ist unverzichtbar, um auch in Konfliktsituationen handlungsfähig zu bleiben und realistische Lösungsansätze zu finden. Aber auch wenn Sie als Führungskraft mit der Analyse einer Konfliktsituation überfordert sind: Wenn Sie handlungsfähig bleiben, werden Sie sich zeitgerecht professionelle Unterstützung holen. Und im Idealfall sogar gestärkt aus dieser Situation hervorgehen.

Fazit

Professionelle Konfliktarbeit ist wie die Behandlung von Krankheitssymptomen – erst wenn eine exakte Diagnose vorliegt, kann entschieden werden, welche Lösungsmöglichkeit zur Heilung führt.

Werden aus Zeitnot oder Unsicherheit vorschnell „faule" Kompromisse geschlossen, kann das zwar kurzfristig für Erleichterung sorgen, aber der Konflikt schwelt weiter vor sich hin. Bis er wieder eskaliert. Und zwar heftiger als zuvor.

Um Konflikte nachhaltig zu lösen, müssen Führungskräfte deren Hintergründe kennen. Das erfordert die Bereitschaft, Zeit zu investieren und vor allem den Mut, auch hinter die Kulissen zu blicken.

> *„Wer als Werkzeug nur einen Hammer hat,*
> *der sieht in jedem Problem einen Nagel."*
> *(Paul Watzlawick, österreichischer Kommunikationswissenschaftler)*

Streitkultur | Ein USP von Unternehmen

Um für den Kampf um die besten Köpfe gerüstet zu sein, werden weder Kosten noch Mühen gescheut, um sich als attraktiver Arbeitgeber am Arbeitsmarkt zu positionieren. Dass das Image eines Unternehmens aber vor allem vom Umgang mit schwierigen Situationen geprägt wird - darauf wird beim Employer Branding oft vergessen. Das ist schade, denn im Social Media Zeitalter sind negative Erfahrungen sehr schnell und großflächig kommuniziert.

Interessante Karrieremöglichkeiten, attraktive Sozialleistungen und moderne Arbeitsplätze – das sind Attribute, die Mitarbeitende an ihrem Arbeitgeber schätzen. Mindestens genauso wichtig ist für viele jedoch ein gutes Arbeitsklima. Aber wie ein Unternehmen wirklich tickt, ist am besten daran zu erkennen, wie mit schwierigen Situationen umgegangen wird.

Umgang mit Unterschieden

Unternehmen mit einer gesunden Unternehmenskultur zeichnen sich durch einen konstruktiven Umgang mit Konflikten aus. Unterschiede im Denken und Handeln werden nicht als Problem, sondern als bereichernde Vielfalt gesehen. Und sollte sich aufgrund unterschiedlicher Meinungen doch einmal ein Konfliktpotential zeigen, wird rasch und transparent reagiert, bevor es zu einer Verhärtung der Fronten kommt.

67

Diese Unternehmen sind auch von einer gewissen Risikobereitschaft und Experimentierfreude geprägt – als notwendige Rahmenbedingungen für ein innovatives Umfeld. Fehler werden als Chance zur Qualitätssteigerung gesehen und es geht dabei immer um die Frage nach der Ursache und nicht um die Frage „Wer ist schuld?“.

Dem gegenüber stehen jene Unternehmen, in denen eine Misstrauenskultur vorherrscht. Alles was neu und anders ist, wird mit Argwohn und Skepsis wahrgenommen. Oft beherrschen Vorurteile über unterschiedliche Kulturen, Altersgruppen und Denkstile den betrieblichen Alltag. Einer offenen Diskussion über unterschiedliche Meinungen geht man aus dem Weg.

Konflikte werden dann so lange erfolgreich ignoriert, bis das schwächste Glied in der Kette bricht. Diese Person ist dann in der Regel auch der oder die „Schuldige“ und wird öffentlich vorgeführt. Macht und Hierarchie haben in diesen Unternehmen einen großen Stellenwert. Im Konflikt ist der Sieg das Ziel – nicht die Lösung.

Umgang mit Kündigungen

CSR (Corporate Social Responsibility) - auch als unternehmerische

Sozialverantwortung bezeichnet – ist ein Begriff, den sich in der heutigen Zeit viele Unternehmen auf ihre Fahnen heften. Betrachtet man die betriebliche Praxis im Umgang mit Kündigungen, bleibt oft der Eindruck, dass es sich dabei nur um Lippenbekenntnisse handelt.

Nicht jeder Mitarbeiter passt zu jedem Unternehmen und umgekehrt. Daher sind Dienstnehmer- und Dienstgeberkündigungen normal und unvermeidlich. Wie in privaten Beziehungen auch, gilt es bei Trennungen immer zwei Aspekte zu betrachten – die Beendigung an sich und die Art und Weise, wie es passiert.

Führungskräfte im Trennungsmanagement zu qualifizieren - darin steckt viel Potential für Unternehmen. Trennungsprozesse so zu gestalteten, dass man sich danach noch in die Augen schauen kann, das ist herausfordernd, aber nicht unmöglich.

Unternehmen, die als "hire & fire"-Fabriken verschrien sind, haben für die Zielgruppen im Employer Branding genauso wenig Anziehungskraft, wie jene Organisationen, denen der Ruf des geschützten Bereichs vorauseilt.

Die Generationen Y und Z urteilen gnadenlos

Mit einem coolen Bewerbermarketing kann man die besten Köpfe vielleicht anheuern, aber nur mit einer gesunden Unternehmenskultur kann man sie auch längerfristig halten.

Karriere, Macht und Hierarchie – das sind Aspekte, denen die begehrten Generation Y und Z (junge, gut ausgebildete Personen zwischen 20 und 30) nicht viel abgewinnen können. Teamarbeit, flache Hierarchien, offene Kommunikation und vor allem das Gefühl, eine sinnvolle Tätigkeit entscheidend mitgestalten zu können – damit kann man sie begeistern.

Und diese Generation hat keine Scheu davor, Ihre Meinung auf facebook, twitter, kununu und co. offen und direkt zu artikulieren, wenn in den Unternehmen Anspruch und Wirklichkeit nicht im Einklang sind. Und zwar als Mitarbeitende und als Kunden.

Fazit

Die aktuellen politischen Krisen führen dazu, dass die Arbeitswelt wie mit Scheinwerfern ausgeleuchtet wird. Vieles, was schon lange nicht mehr gepasst hat, wird nun sichtbar.

Das „alte" Employer Branding hat ausgedient. Die Generationen Y + Z lassen sich davon nicht mehr blenden.

Nicht mehr das, was erzählt wird, sichert heute die Loyalität der Mitarbeitenden, sondern nur wenn das Erzählte auch gelebt wird, bleiben diese dem Unternehmen länger verbunden.

„Ziel eines Streits oder einer Auseinandersetzung soll nicht der Sieg, sondern der Fortschritt sein."

(Joseph Joubert, französischer Moralist)

Teamkonflikte | Wenn der Veränderungsdruck ein Ventil braucht

Wir leben im Zeitalter des Change. Alles dreht sich, alles bewegt sich, alles ist im Wandel. Und „nix ist fix“ im Zeitalter der Agilität. Anpassungsfähigkeit – dieses Credo steht beim Top-Management vieler Unternehmen hoch im Kurs.

Für deren Belegschaften bedeutet das: Sie müssen lernen, wie man mit permanenter Veränderung und damit auch mit Unsicherheit umgeht. Doch kaum etwas fällt uns Menschen schwerer. Kein Wunder, wenn es immer öfter kracht im Gebälk. Denn dieser Dauerstress wirkt sich auch negativ auf den Zusammenhalt in den Arbeitsteams aus.

Unterschiede ignorieren = Teamkonflikte riskieren

Konflikte entwickeln sich in der Regel schleichend und werden zu Beginn oft nicht als solche wahrgenommen. Zwei unterschiedliche Sichtweisen zu einem bestimmten Thema treffen aufeinander. Das passiert täglich und überall dort, wo Menschen miteinander in Interaktion treten. Also im Grunde eine normale Entwicklung.

Unangenehm und destruktiv werden diese Meinungsverschiedenheiten erst durch die Art und Weise, wie wir mit diesen Unterschieden umgehen. Befragt man Führungskräfte im Coaching, wann sie die Unstimmigkeiten im Team bemerkt haben, gestehen die meisten, dass bereits sehr früh erste Signale wahrnehmbar waren.

74

Auf die Frage, wann sie darauf erstmals mit offenem Ansprechen reagiert haben, kommt als Antwort meist „spät“ oder „zu spät“. Und genau durch dieses Nicht-Agieren wird oft aus einer simplen Meinungsverschiedenheit ein eskalierender Konflikt. Führungskräfte, die nach dem Motto agieren: „Nichts sehen, nichts hören und nichts sagen“ werden dadurch zum Brandbeschleuniger bei Teamkonflikten.

Die Angst der Führungskraft vorm Teamkonflikt

Aus Unsicherheit oder Überforderung neigen neue Führungskräfte dazu, Konflikte zu ignorieren. Und verabsäumen damit, in schwierigen Situationen klar Position zu beziehen. Zum Beispiel auch dann, wenn es darum geht, dem Team unangenehme Nachrichten zu übermitteln. Dies wird häufig so kommuniziert: „Ich halte selbst nichts von der Entscheidung, aber ‚die da oben‘ haben das leider so beschlossen.“

Führungskräfte, die so agieren, verspielen Akzeptanz auf beiden Seiten. Vom Management wird dieses Verhalten berechtigter Weise als Illoyalität gegenüber der Unternehmensführung ausgelegt. Und dem eigenen Team gegenüber wird das Bild einer Führungskraft vermittelt, die nur als Befehlsempfänger agiert und nichts zu melden hat.

Beide Seiten – Management und Mitarbeitende – erwarten von einer Führungskraft, dass sie deren Interessen vertritt. Da diese oft gegensätzlich sind, ist der Umgang mit einem derartigen Interessenskonflikt eine der Kernkompetenzen für Führungskräfte. Es immer allen recht machen zu wollen, ist dabei mit Sicherheit die falsche Strategie.

Die disruptive Arbeitswelt | Der ideale Nährboden für Teamkonflikte

Über eine gewisse Zeit mag ein Konfliktverdrängen für alle Beteiligten als unausgesprochener Kompromiss funktionieren. Alle leiden, aber keiner spricht das Thema an. Das ist auch eine bequeme Konflikthaltung – und lässt zusätzlich allen Konfliktparteien die Möglichkeit, die Schuld an der Misere beim Gegenüber zu suchen. Bis es kracht....

Und das wird immer öfter auch immer schneller passieren. Vielerorts brechen gerade langjährige, bekannte Strukturen weg. Viele Unternehmen sind dabei, sich für das digitale Zeitalter bestmöglich aufzustellen. Umstrukturierungen, neue Technologien oder der Einstieg in eine hybride Arbeitswelt – Umbrüche, wohin man sieht. Disruption ist das Schlagwort der Stunde.

Schneller, flexibler und anpassungsfähiger will man werden. In dieser Zeit des permanenten Wandels und der damit verbundenen Unsicherheit, kommen Führungskräfte und Mitarbeitende zunehmend unter Druck. Das wird verstärkt dazu führen, dass Emotionen schneller hochkochen. Und dass die Suche nach Sündenböcken als Ventil für die vorhandenen Sorgen und Ängste benutzt wird.

Fazit

Für die Unternehmen heißt das: Neue Zeiten erfordern neue Wege. Das gilt auch für die Konfliktarbeit in den Unternehmen. Organisationen, die Agilität als das heilbringende Management-Dogma forcieren, müssen damit rechnen, dass Konflikte viel öfter und viel schneller eskalieren als bisher.

77 97 99

Daher sollten sich zukünftige Führungskräfte nicht nur fachlich bestens auskennen, sondern auch über eine entsprechende Konfliktkompetenz verfügen. Denn auch in der agilen Welt wird über den Erfolg eines Unternehmens nicht die sterile Simulation im Labor, sondern die gelebte Umsetzung in der (Konflikt-)Praxis entscheiden.

> *„Seltsam, dass Leute, die zusammen leiden,*
> *stärkere Beziehungen haben als jene Leute, die sehr zufrieden sind."*
> *(Bob Dylan, amerikanischer Musiker)*

Gelebte Konfliktstrategien im Job | „Augen zu und durch“

Nichts hören, nichts sehen und daher auch nichts sagen – diese Konfliktstrategie ist bei vielen Menschen das bevorzugte Verhaltensmuster, wenn es unangenehm wird. In Konfliktsituationen verhalten wir uns dann wie Kinder: Wir drücken die Augen zu und agieren nach dem Motto: „Was ich nicht sehe, das gibt es auch nicht.“ 99

Konfliktstrategie Aussitzen

„Gute Miene zum bösen Spiel machen“, „Was ich nicht weiß, macht mich nicht heiß“ oder „Die Faust in der Hosentasche ballen“ – das sind bekannte Sprichwörter. Und gleichzeitig auch wichtige Hinweise darauf, wie wir in Punkto Streitkultur in unserer Gesellschaft sozialisiert wurden. Nur nicht anecken, nicht auffallen und in heiklen Situationen ja nicht aus der Deckung wagen – das sind Dogmen, die hinter solchen Statements stehen.

Kein Wunder also, wenn viele von uns so reagieren, wenn es zu Unstimmigkeiten kommt: Abwarten und Schweigen. Manchmal macht das auch Sinn. Vor allem dann, wenn die Emotionen bereits hochkochen und jedes weitere Wort Öl ins Feuer gießen würde. Allerdings ist in solchen Situationen der Konflikt bereits sichtbar und damit auch bearbeitbar.

Viel gefährlicher (und weit verbreiteter) sind aber jene Situationen, in denen sich eine Partei zutiefst im Unrecht fühlt, dies aber nicht offen anspricht. Dieses Schweigen hat einen destruktiven Charakter: Es führt zu einer Kommunikationsstörung und der Konflikt verlagert sich sehr schnell von der Sach- auf die Emotionsebene. Und damit sind die Weichen für eine weitere Eskalation gestellt.

Konfliktstrategie Opferrolle

In einer Konfliktsituation eine aktive und damit lösungsorientierte Rolle einzunehmen, bedeutet immer auch in die Selbstverantwortung zu gehen. Aber auch darin werden wir durch unsere gesellschaftliche Prägung blockiert. Viele Menschen neigen zu Schuldzuweisungen. Es ist auch so verlockend: Einen Sündenbock zu finden heißt immer, das eigene Verhalten nicht reflektieren zu müssen. Und das wiederum bedeutet: Wir müssen uns nicht ändern, sondern die anderen. Es lebe die Bequemlichkeit! 89

Daher gibt es vermutlich noch einen weit wichtigeren Grund, warum wir unseren eigenen Anteil an bestimmten Ergebnissen oder Konfliktsituationen nicht gerne hinterfragen: Es könnte nämlich sein, dass wir zu der Erkenntnis kommen, einiges zum Misserfolg oder zur Konfliktsituation mit beigetragen zu haben.

Und das könnte in weiterer Folge dazu führen, dass wir zukünftig unser Denken und Handeln in ähnlichen Situationen ändern müssten, um nicht wieder die gleichen Fehler zu machen. Und nichts fällt uns Menschen schwerer als die Veränderung.

Konfliktstrategie Aktives Ansprechen

Wegducken, Ausweichen oder Verdrängen – diese Verhaltensmuster sind Brandbeschleuniger in Konfliktsituationen. Wer aus Harmoniesucht oder Konfliktscheu schweigt, schadet damit letztendlich allen. Und trägt durch dieses passive Verhalten wesentlich zu einer Konfliktdynamik bei, die irgendwann in einer gewaltigen Eskalation und mit Verlierern auf beiden Seiten endet.

Unstimmigkeiten bereits beim ersten Auftauchen anzusprechen, Unklarheiten zu hinterfragen und die eigene Sichtweise zu deponieren – das ist mit Sicherheit zielführender, als so lange wie möglich mit Gesprächen zu warten. Das erfordert aber den Mut, in Konfliktsituationen auch klar Position zu beziehen sowie die Bereitschaft, notwendige Grenzen aufzuzeigen. Also genau jene Verhaltensweisen, die nicht dem Mainstream
91 unserer Gesellschaft entsprechen.

94

Everybody's Darling wird bei Unstimmigkeiten nie einen entscheidenden Beitrag leisten. Dann schon eher der unbequeme Typ mit Ecken und Kanten. Nicht einfach im Handling, dafür aber greifbar und authentisch.

> *„Nicht jene, die streiten sind zu fürchten, sondern jene, die ausweichen."*
>
> *(Marie Freifrau von Ebner-Eschenbach, österreichische Schriftstellerin)*

Konflikttypen | Warum auch nette Menschen explodieren können

Was zeichnet unsere Streitkultur aus? „Der Klügere gibt nach“ oder „Reden ist Silber, Schweigen ist Gold“. Das sind bekannte Redewendungen, die sehr gut zeigen, wie wir in Punkto Konfliktverhalten ticken.

Nur nicht anecken, nicht auffallen und in heiklen Situationen ja nicht aus der Deckung wagen – das sind die Dogmen, die hinter solchen Statements stecken. Anpassung und Rücksichtnahme um jeden Preis gelten in unserer Gesellschaft als geschätzte Tugenden.

Der Konflikttyp des netten Menschen

Aufgrund dieser Prägung ist es wenig verwunderlich, dass viele Menschen konfliktscheu sind und Streitigkeiten vermeiden. In unserer Kultur führt das dazu, dass solche Personen häufig mit charakteristischen Eigenschaften beschriebenen werden, die auf den ersten Blick sehr positiv klingen. Wir alle kennen diese „ausgesprochen netten Freunde, Kolleginnen oder Chefs“.

Oft ist zu beobachten, dass diese Menschen eigene Strategien im Umgang mit Konflikten verfolgen. Passivität und Absenz, sofortiger Rückzug nach Gegenrede oder „den Ärger einfach runterschlucken“ – das sind nur einige Beispiele, wie konfliktvermeidende Personen im Streitfall agieren. Beim Gegenüber ist so ein defensives Konfliktverhalten gern gesehen. Denn bei so wenig Widerstand lassen sich die eigenen Interessen locker durchsetzen.

91
94

Dass sich dieser nette Mensch viel gefallen lässt und vielleicht öfter als für ihn gut ist, gute Miene zum bösen Spiel macht – dieser Gedanke liegt uns fern. „Ich habe ihn noch nie wütend gesehen“ – in unserer Konfliktkultur ist das wie ein Ritterschlag. Hier wird jemand, der offensichtlich bis zur Selbstverleugnung nach Harmonie strebt, zum leuchtenden Vorbild im Konfliktfall hochstilisiert. Und genau damit liegen wir falsch.

Denn Menschen, die einen Konflikt immer negieren oder ausweichen, nehmen damit allen Beteiligten die Möglichkeit, sich über die unterschiedlichen Wahrnehmungen und Meinungen auszutauschen. Wer sich im Konfliktfall zurückzieht, bringt keine Lösung, sondern legt das heikle Thema nur auf Eis. Und schafft damit die Basis für den destruktiven, kalten Konflikt.

Wenn der Vulkan ausbricht

Dass nette Menschen auch anders können, zeigt sich spätestens dann, wenn deren vermeintlich unendliche Toleranz erschöpft ist. Dann heißt es gnadenlos: „Jetzt reicht‘s.“ Es ist dieser berühmte Tropfen, der das Fass zum

Überlaufen bringt. Und aus der Vermeidung zum Handeln zwingt. Entweder, weil dieser Konflikttyp wie ein Vulkan ausbricht oder – auch oft gesehen – weil er einen „konsequenten Abgang“ hinlegt.

Beim Typ „Vulkanausbruch“ kommt alles an die Oberfläche, was bei der
Vermeidung über die Jahre runtergeschluckt wurde. Oft bei einem
vermeintlich nichtigen Thema. Wenn es reicht, werden dem Gegenüber alle
81 alten Rechnungen serviert. Wie eine Lawine rollen die Vorwürfe auf das
Gegenüber zu. Hoch emotional und unstoppable. In so einer Situation ist es
100 nahezu unmöglich, das Gespräch wieder auf eine konstruktive Ebene
zurückzuführen.

Gar nicht mehr möglich ist das bei der Variante „konsequenter Abgang“. Praktiziert von jenen Personen, die sich beim Überschreiten der persönlichen Schmerzgrenze einfach umdrehen und gehen. Das ist die Mitarbeiterin, die kündigt, ohne jemals jene Punkte angesprochen zu haben, die sie schon lange stören. Oder der Beziehungspartner, der den anderen verlässt, ohne jemals die eigenen Bedürfnisse thematisiert zu haben.

Fazit

Wegducken, Ausweichen oder Verdrängen – diese Verhaltensmuster sind destruktiv und schaffen in Konfliktsituationen nur Verlierer. Unstimmigkeiten bereits beim ersten Auftauchen anzusprechen, Unklarheiten zu hinterfragen und die eigene Sichtweise zu deponieren – das ist mit Sicherheit zielführender.

99

69 Daher sollten wir im Konfliktfall immer daran denken: „Schweigen ist
74 Silber, Reden ist Gold.

„Schweigen ist die unerträglichste Erwiderung.“

(Gilbert Keth Chesterton, englischer Schriftsteller)

Konflikttyp Choleriker | Was tun, wenn das Gegenüber laut wird?

„Der laute Konflikttyp ist am unangenehmsten" – dieses Statement hören wir sehr häufig in unseren Konflikt- oder Beschwerdemanagement-seminaren. Für 4 von 5 Teilnehmenden ist eine Diskussion oder ein Streitgespräch mit Personen, die dabei emotional und laut werden, besonders belastend.

Kein Wunder, fällt es uns doch generell schwer, unterschiedliche Sichtweisen klar und deutlich anzusprechen. Wenn man dann noch jemanden gegenüber hat, der beim kleinsten Widerspruch sprichwörtlich „in die Luft geht", verlieren wir schnell die Bodenhaftung und geben klein bei.

Dieser Konflikttyp ist zwar vermutlich nur schwer auszuhalten, aber es gibt schlimmere...

Konflikttyp „Schreihals" oder der emotionale Kontrollverlust

Das Gesicht läuft rot an, die Augen fixieren das Gegenüber, schnell wird Kampfposition bezogen und dann wird es laut. „So etwas lasse ich mir nicht bieten", „Das wird Folgen haben" oder „Das wirst du bereuen" – typische erste Statements von Cholerikern auf eine gegensätzliche Meinungsäußerung. Wobei dieser Konflikttyp meistens gar nicht mehr hört, was inhaltlich gesagt wurde. In dem Moment, wo er das Gefühl hat, in Frage gestellt zur werden, geht das Überdruckventil schon auf.

„Wenn ich ganz laut schreie, kann ich meine Bedürfnisse durchsetzen" – das ist einer der Glaubenssätze, die dieser Streittypus von klein auf gelernt hat. Nicht selten erinnert eine rote, wutverzerrte Fratze daher auch an das Gesicht eines Babys, das vor Schmerzen schreit. Viele Menschen, die bei Widerspruch sofort laut und angriffig werden, fühlen sich in diesem Moment hilflos und verletzlich. Sie sind emotional überfordert, haben Angst vor Kontrollverlust oder die Sorge, dass ihr geringes Selbstwertgefühl entlarvt wird. Oft sind Menschen mit cholerischen Zügen auch in Führungspositionen anzutreffen. Wenig überraschend, denn dieser Konflikttyp bringt auch viele Eigenschaften mit, die in einer Leitungsfunktion gerne gesehen werden: große Dynamik, hohe Leistungs- und Einsatzbereitschaft sowie eine hohe Antriebs- und Willensstärke.

79
100

Aber gerade diese Mischung aus Ehrgeiz und Impulsivität bei gleichzeitig geringer Impulskontrolle ist brisant. Oft haben Mitarbeitende das Gefühl, permanent auf einem brodelnden Vulkan zu sitzen. Und daher haben solche Vorgesetzte auch häufig eine hohe Fluktuation im Team.

Der Umgang mit dem Konflikttyp Choleriker

Wer in einer einmaligen Konfliktsituation mit einem Choleriker zusammentrifft, sollte sich gut überlegen, ob das Thema eine intensive Auseinandersetzung wirklich wert ist. Wenn nicht, sind Sie vermutlich besser dran, wenn Sie sich umdrehen und gehen. Sie sparen dadurch viel Zeit und Energie. Seien Sie froh, diese Wahlmöglichkeit zu haben und erfreuen Sie sich der positiven Dinge des Lebens.

Wenn Sie allerdings eine cholerische Persönlichkeit als Führungskraft, als Kunden oder gar als Partner haben, gibt es diese Ausweichmöglichkeit oft nicht. Dann müssen Sie den Stier bei den Hörnern packen und sich dieser Herausforderung stellen. Folgende Punkte können dabei hilfreich sein:

- Versuchen Sie, den überforderten Menschen hinter dem Schreihals zu sehen. Zugegeben, Empathie aufzubringen ist sehr schwierig, wenn man gerade verbal attackiert wird. Aber zwingend notwendig, damit eine positive Gesprächshaltung zum Gegenüber entwickelt werden kann.

- Treten Sie selbstbewusst auf, stehen Sie aufrecht und sprechen Sie mit ruhiger, deutlicher Stimme. Das erhöht die Wahrscheinlichkeit, von einem cholerischen Gegenüber in einem Konfliktgespräch akzeptiert zu werden.

- Ziehen Sie eine rote Linie und zeigen Sie Grenzen auf. Wenn es zu Untergriffigkeiten, Beleidigungen und Drohungen kommt und/oder der Tonfall unverhältnismäßig laut wird, steigen Sie aus dem Gespräch aus. Das kann auch bedeuten, dass Sie den Raum verlassen. Aber sagen Sie Ihrem Gegenüber auch, warum Sie das jetzt machen.

- Diese Grenzen sollten Sie auch gegenüber hierarchisch höhergestellten Personen ziehen. Gerade Choleriker, die mit hierarchischer Macht ausgestattet sind, neigen dazu, ihre Befindlichkeiten ganz besonders jene Personen spüren zu lassen, die als unterwürfig und schwach erlebt werden.

- Häufig macht es wenig Sinn, einer aufbrausenden Person in einer emotionalen Situation mit „vernünftigen“ Argumenten entgegenzureden. Vereinbaren Sie einen Gesprächstermin, wenn die Luft „wieder rein“ ist. Und sagen Sie dann Ihrem Gegenüber, was Sie sich bei zukünftigen Konfliktgesprächen erwarten würden.

- Und zu guter Letzt: Seien sich Sie bewusst, dass bei einer langjährigen Beziehung mit einem Choleriker immer Sie die Person sein werden, die gefordert ist, auf den anderen zuzugehen, um eine „gesunde" Gesprächsbasis zu erhalten. Ihr Gegenüber kann das aufgrund limitierter sozialer Kompetenz nicht.

Wenn all das nicht hilft, kann es leicht sein, dass Ihnen bald die Kraft für diese permanenten Konfrontationen ausgeht. Dann bleibt Ihnen nur mehr der Ausstieg aus dieser Beziehung.

Der Konflikttyp „Stilles Wasser" kann destruktiver sein

Die Kommunikation mit aufbrausenden Personen ist anstrengend und mühsam. Auch deshalb, weil diese oft mit ihrer Wortwahl übers Ziel hinausschießen und andere damit unabsichtlich verletzten. Einen großen Vorteil haben Choleriker allerdings: Sie werden immer ganz klar sagen, was sie nicht wollen und was sie sich erwarten. Dadurch wissen wir, woran wir sind. Und das gibt uns auch die Chance, an einer unbefriedigenden Situation etwas zu verändern.

Darin unterscheiden sich Choleriker wesentlich von der viel größeren Gruppe jener Personen, die im Konfliktfall lieber ausweichen, wegducken und untertauchen. Diese „stillen Wasser" werden uns nicht sagen, was sie stört und was sie sich erwarten. Aus Konfliktscheu oder Bequemlichkeit schweigen sie lieber. Wir wissen daher nicht, woran wir sind, aber bekommen die Konsequenzen unterschwellig zu spüren. Außerdem geben „Schweiger" uns damit auch keine Chance, ein unerwünschtes Verhalten zu ändern.

Wenn Ihnen daher wieder einmal ein Choleriker über den Weg laufen sollte, stellen Sie sich folgende Frage: „Was ist mir lieber: Jemand der mir (unpassend laut) sagt, was ihn stört? Oder jemand, der das nicht tut und schweigt, mich aber seinen Unmut spüren lässt?"

> *„Schreit ein Mann, ist er dynamisch. Schreit eine Frau, ist sie hysterisch."*
>
> *(Hildegard Knef, deutsche Schauspielerin)*

Konfliktintervention | Um Viertel nach Zwölf ist es zu spät

„Unsere Probleme lösen wir intern“ – diese Aussage von Führungskräften ist zwar gut gemeint, die Realität schaut aber oft anders aus. Aus Zeitnot oder Konfliktscheu werden unangenehme Themen häufig so lange negiert, bis sie eskalieren.

Die internen HR-Abteilungen können ein Lied davon singen: Konflikte werden in vielen Unternehmen erst dann sichtbar, wenn sie schon weit fortgeschritten sind und erste Schäden verursacht haben. Das ist schade. Denn damit wird die Chance vertan, Konflikte durch ein frühzeitiges Eingreifen bereits im Keim zu ersticken und unangenehme Folgekosten zu vermeiden.

Verdrängung wird zum Brandbeschleuniger

Wenn Führungskräfte mit ihren Problemen in der Personalabteilung oder bei externen Konfliktberaterinnen Unterstützung suchen, brennt meistens schon der Hut. Oft ist es der Abgang eines Schlüsselmitarbeiters, der das Fass zum Überlaufen bringt und Führungskräfte zum Handeln zwingt. In der Aufarbeitung der Konfliktsituation zeigt sich dann häufig, dass die Problematik schon lange bekannt war, diese aber von der Führungskraft „erfolgreich“ verdrängt wurde.

Auch wenn die Gründe für Nichthandeln vielfältig sind, die Folgenden sind in der Praxis am häufigsten anzutreffen:

- Die Führungskraft agiert nach dem Motto: „Nur nicht auffallen – lieber alles unter dem Teppich kehren“. Sehr oft anzutreffen in Unternehmen mit schwach ausgeprägter Fehlerkultur und wenig Vertrauen in Supportbereiche wie zB HR und die Hierarchie.

- Die Führungskraft geht in Projektarbeit oder operativer Arbeit unter und nimmt sich keine Zeit für die Führung ihrer Mitarbeitenden. Diese falsche Prioritätensetzung ist symptomatisch für Unternehmen, die sich im Auf- oder Umbruch befinden.

- Die Führungskraft möchte „Everybody’s Darling“ sein. Da passt das Führen von unangenehmen Mitarbeitergesprächen nicht ins eigene Rollenbild. Ganz zu schweigen von Entscheidungen, die für einen oder mehrere Mitarbeitende Konsequenzen haben könnten. Da delegiert man das Problem lieber elegant nach oben.

- Die Führungskraft ist selbst Teil oder sogar Auslöser des Konflikts. Das ist jener Fall, der am häufigsten vorkommt. Aber mangels Reflexionsfähigkeit wird hier ein Konflikt von der Führungskraft erst gar nicht wahrgenommen. Und somit auch nicht thematisiert.

Ganz gleich, aus welchen Motiven: Wenn Führungskräfte in Konfliktsituationen nicht zeitgerecht eingreifen, bekommt der Konflikt eine unberechenbare Eigendynamik, die Anzahl der Betroffenen nimmt zu und der Schaden (für alle Beteiligten) wird immer größer. 85

Führungskräfteauswahl als Konfliktprävention

Konfliktmanagement-Schulungen sind heute in vielen Unternehmen Standard in der Führungskräfte-Ausbildung. Das zeigt, dass erkannt wurde, wie wichtig ein konstruktiver Umgang mit Unterschieden im betrieblichen Kontext ist. Daher sind die Unternehmen auch bereit, viel Zeit und Geld in die Qualifizierung ihrer Führungskräfte zu investieren. Damit sich diese Ausgaben für das Unternehmen rechnen, ist aber bereits bei der Auswahl der Führungskräfte auf deren Konfliktfähigkeit zu achten. 69 74

Eine Führungskraft, die auch in Konfliktsituationen bestehen kann, braucht folgende Eigenschaften:

- Die Sensibilität, (auch schwache) Konfliktsignale zu erkennen

- Die Bereitschaft, wenn notwendig, auch unangenehme Gespräche zu führen

- Die Fähigkeit zur Selbstreflexion.

Wer diese Persönlichkeitsmerkmale nicht mitbringt, wird auch nach dem zehnten Konfliktseminar nicht in der Lage sein, dass Gelernte in der Praxis anzuwenden. Nicht weil diese Person nicht will, sondern weil sie nicht kann.

Daher beginnt die Konfliktarbeit in Unternehmen bereits bei der Auswahl der richtigen Führungskräfte. Werden hier die falschen Persönlichkeiten in Position gebracht, ist deren Scheitern im Anlassfall vorprogrammiert. Und eine unberechenbare Konfliktdynamik nimmt ihren Lauf…

Rasch handeln ist oberstes Gebot

Einen Konflikt bereits beim ersten Auftauchen anzusprechen, Unklarheiten zu hinterfragen und die eigene Sichtweise als Führungskraft zu deponieren – das ist mit Sicherheit zielführender, als so lange wie möglich mit Gesprächen zu warten. Auch auf die Gefahr hin, dass diese Gespräche für manche Beteiligte nicht angenehm sind.

Es allen recht zu machen, ist nicht der Job von Führungskräften. Konfliktschäden im Team und im Unternehmen zu vermeiden, aber sehr wohl.

Und übrigens: Führungskräfte wirken immer – auch wenn sie nicht handeln.

„Den Kopf in den Sand zu stecken, verbessert die Aussicht nicht."

(Anais Nin, amerikanische Schriftstellerin)

Der Kompromiss | Konfliktlösung oder Konfliktauslöser?

Kompromissfähigkeit – würde man in Österreich eine Umfrage durchführen, auf welche unserer Fähigkeiten wir besonders stolz sind, wäre diese Eigenschaft vermutlich unter den Top 5 zu finden. In Konfliktsituationen mit allen zu können, diplomatisch geschickt zu agieren und das Verbindende über das Trennende zu stellen – all das sind Aspekte, die in unserer Gesellschaft einen hohen Stellenwert genießen.

„Ein Kompromiss ist wie die Laufmasche in einem Nylonstrumpf" – dieses Zitat der ungarischen Schriftstellerin Erzsébet Galgóczis passt daher gar nicht in unser Weltbild. Es irritiert und legt gleichzeitig die Vermutung nahe, dass der vielgepriesene Kompromiss im Streitfall nicht immer das Gelbe vom Ei sein muss.

Ein Ausweichmanöver als Kompromiss

Wird man als externe Konfliktberaterin von Führungskräften oder dem HR-Bereich kontaktiert, um eine schwierige Teamsituation aufzulösen, bringt die nachfolgende Konfliktanalyse sehr oft folgendes Ergebnis: Die betreffende Konfliktsituation war für alle Beteiligten bereits über lange Zeit (oft über Jahre) spürbar. Aber um des lieben Friedens willen wurde darauf verzichtet, sich mit der Streitthematik umfassend auseinander zu setzen.

Und so passiert, was immer passiert, wenn Konflikte ignoriert werden: Irgendwann fliegt „der Deckel vom Topf" und die Situation eskaliert. Meistens öffentlichkeitswirksam und mit großem Trara. Und genau dieses für alle Sichtbarwerden zwingt die verantwortliche Führungskraft, endlich etwas zu tun.

Über lange Zeit kann ein Konfliktverdrängen für alle Beteiligten als unausgesprochener Kompromiss funktionieren. Alle leiden, aber keiner spricht das Thema an. Das ist eine bequeme und destruktive Konflikthaltung – und lässt zusätzlich allen Konfliktparteien die Möglichkeit offen, die Schuld an der Misere beim Gegenüber zu suchen. Bis es kracht....

Ein Harmonie-Angebot als Kompromiss

Aber auch ein moderiertes Konfliktgespräch ist keine Garantie dafür, dass endlich lange schwelende Themen sofort auf den Tisch kommen. Immer wieder ist man als Mediator erstaunt darüber, mit welcher Nicht-Dynamik diese Gespräche beginnen. Die hochemotionalen Einzelgespräche im Vorfeld, mit massiven Schuldzuweisungen an die Gegenpartei, scheinen nie stattgefunden zu haben. Unser Grundbedürfnis der Harmonie steht dem entgegen.

„Wasch mir den Pelz, aber mach mich nicht nass". Das ist jene Haltung, mit der viele Konfliktparteien in dieses unvermeidliche Gespräch gehen. Zeigen, dass man gesprächsbereit ist, aber hoffen, dass es schnell wieder vorüber ist und alle ihrer Wege gehen. Der unausgesprochene Kompromiss dahinter: „Tust du mir nichts, dann tue ich dir nichts."

In der Konfliktmoderation tut man gut daran, dieses beobachtete Verhalten anzusprechen und aufzuzeigen – und damit den entscheidenden Impuls für die notwendige Gesprächsdynamik einzubringen. Nicht um eine weitere Eskalation zu provozieren, sondern um ein weiteres Ausweichen zu verhindern. Und um einen faulen Kompromiss zu vermeiden.

Der faule Kompromiss ist die Basis für den nächsten Zoff

„Der Kompromiss ist die kleinste gemeinsame Niederlage." Dieser Satz eines unbekannten Autors ist ein weiteres Warnzeichen dafür, dass in der Konfliktarbeit ganz genau darauf zu achten ist, welche Motive hinter einer Kompromisslösung stehen. Ist in der momentanen Situation nicht mehr möglich, oder wird bloß versucht, einer notwendigen Auseinandersetzung auszuweichen.

Denn eines ist klar: Ein Konflikt, der nur an der Oberfläche bearbeitet und
mit einem faulen Kompromiss beendet wird, führt unweigerlich dazu, dass
dieses Thema erneut hochkocht. Dann ist die Ausgangssituation allerdings
96 noch schwieriger und das Risiko von massiven Konfliktschäden besonders
97 hoch.

Die Kompromissbereitschaft scheint sehr oft ein Produkt unserer Harmoniesucht zu sein. Mit dem Nachteil, dass im Endergebnis bei allen Beteiligten der schale Beigeschmack der Niederlage bleibt. Und damit die Saat für den nächsten Konflikt gelegt wird.

Manchmal macht es Sinn, in einem Streitfall ganz klar Position zu beziehen.
Und diese auch dann nicht aufzugeben, wenn sich keine Lösung abzeichnet.
Denn ein Ende mit Schrecken ist immer noch besser, als ein Schrecken ohne
94 Ende.

> *„Ein Kompromiss ist dann vollkommen, wenn alle gleichermaßen unzufrieden sind."*
> *(Aristide Briand, französischer Politiker)*

Warum Konflikte eskalieren | Oder: „A Schriftl is a Giftl“

Die wirtschaftlichen und sozialen Rahmenbedingungen in unserer Gesellschaft werden zunehmend schwieriger. Das merkt man nicht zuletzt daran, wie schnell heute konfliktbehaftete Themen in den sozialen Netzwerken eskalieren. Aber auch an den Unternehmen geht diese Entwicklung nicht spurlos vorüber. Vielerorts eskalieren langjährige Konfliktsituationen.

Permanente Umstrukturierungen, Einsparungsvorgaben, Generationenkonflikte und nicht zuletzt die COVID-Krise bringen Führungskräfte und Mitarbeitende immer stärker unter Druck. Das führt dazu, dass Emotionen schneller hochkochen und die Suche nach Sündenböcken und Schuldigen als „Ventil“ für diese Sorgen und Ängste benutzt wird.

Diese Dynamik wird sich in den nächsten Jahren noch verstärken. Und damit wird eine gut ausgeprägte Konfliktkultur zum wirtschaftlichen Überlebensfaktor für jedes Unternehmen.

Sprachlosigkeit als Brandbeschleuniger in Konflikten

In der Gesellschaft und damit auch in den Unternehmen führt vor allem ein Aspekt zu einem rascheren Eskalieren von Konflikten: Es wird immer weniger miteinander geredet. In Zeiten von Smartphone und Social Media kommunizieren viele Menschen nur mehr mittels technischer Hilfsmittel. Wenn aber Argumente nicht mehr face-to-face ausgetauscht werden, gehen wesentliche Elemente in der Interaktion und Kommunikation verloren.

Denn nur ein sehr geringer Teil der Wirkung einer Nachricht betreffen das gesprochene oder geschriebene Wort. Der weitaus überwiegende Teil der Wirkung in der Kommunikation wird durch Tonalität und Körpersrache bestimmt. Bei der Verwendung von sozialen Medien fehlen genau diese Aspekte. Welche Mimik und Gestik jemand aufsetzt, wenn ein Mail verfasst oder im Social Media Kanal gepostet wird, ist für die Empfangenden nicht sichtbar. Damit wird das Risiko, eine Nachricht falsch zu verstehen, dramatisch hoch. Vor allem dann, wenn es sich um den Austausch von unterschiedlichen Standpunkten handelt.

"A Schriftl is a Giftl" – dieses alte Sprichwort zeigt, dass bereits Generationen vor uns erkannt haben, wie heikel die Verwendung der Schriftform in kontrovers geführten Diskussionen sein kann. Manchmal mag es erforderlich sein, um relevante Standpunkte zu dokumentieren. Sehr oft ist aber der Umstieg auf die Schriftform in Konflikten ein Zeichen dafür, dass die Streitparteien nicht mehr bereit sind, konstruktive Gespräche zu führen. Dieser Kommunikationsabbruch wirkt dann wie ein Brandbeschleuniger in Richtung Konflikteskalation.

Konflikte lösen – Der frühe Vogel fängt den Wurm

Viele Führungskräfte sind bereits in „ruhigen Zeiten“ mit einer lösungsorientierten Konfliktarbeit überfordert. Sie stecken den Kopf in den Sand und hoffen, dass sich die Dinge wieder von allein regeln – das ist die natürliche Reaktion vieler Manager in unangenehmen Situationen. Das mag lange Jahre mehr schlecht als recht funktioniert haben. Aber in Zeiten des permanenten Wandels ist ein frühzeitiges Erkennen und Ansprechen von Konflikten wichtiger denn je. Je früher interveniert wird, desto geringer ist das Risiko von Schäden und damit auch von Konfliktfolgekosten. Werden zum Beispiel Schlüsselmitarbeiter „sprachlos“, kann das ein Zeichen einer bevorstehenden Kündigung sein. Und damit droht der Verlust von wichtigem Know-how oder gar wichtigen Kunden.

Immer mehr Unternehmen erkennen, wie wichtig es ist, Konflikte bereits auf einem möglichst niedrigschwelligen Niveau zu thematisieren. Und schaffen präventive Konfliktstrukturen, um die Streitkultur innerhalb der Organisation nachhaltig zu verbessern. Zum Beispiel durch die Installation von internen Konfliktlotsen bzw. Konfliktberaterinnen als „First Level Support“ im Anlassfall.

Dieser in der Konfliktanalyse und in der lösungsorientierten Gesprächsführung bestens ausgebildete Personenkreis wird quer über die Organisation verankert. Ob Führungskräfte, HR-Mitarbeitende oder Projektleitungen: Diese Personen sind zur Verschwiegenheit verpflichtet und stehen allen Mitarbeitenden als erste Anlaufstation im Konfliktfall zur Verfügung. Mit der Zielsetzung, je nach Analyse der Problemstellung, entweder selbst lösungsorientiert zu coachen oder an eine externe Moderation weiterzuleiten.

Durchs Reden kumman d'Leut z'samm

Wenn die Stimmung in der Gesellschaft aufgeheizt ist, scheint es angebracht, sich an die Sprüche unserer Ahnen zu erinnern: „Durchs Reden kumman d'Leut z'samm“ – „Mia wern kan Richta brauchen“ – „Mia wern net glei streitad wern“ – „Da erste Verdruss is da Beste“ und noch viele mehr. Darin liegt viel Erfahrungswissen. Vor allem aber die Erfahrung, wie es sich anfühlt, wenn es den Menschen einmal wirklich schlecht geht. Davon sind wir (noch?) weit entfernt.

Für die Unternehmen heißt es: Neue Zeiten erfordern neue Wege. Das gilt vor allem für die Konfliktarbeit in den Unternehmen. Ähnlich wie im betrieblichen Gesundheitsmanagement geht es auch im Konfliktmanagement darum, die Organisation an die Herausforderungen der Zukunft anzupassen.

Und auch hier ist ein ganzheitlicher Ansatz der Schlüssel zum Erfolg. Das heißt, nicht nur die handelnden Personen sind entsprechend zu sensibilisieren und zu qualifizieren, sondern auch die Strukturen können die Entwicklung einer lösungsorientierten Konfliktkultur unterstützen.

„Wo es kein Gespräch mehr gibt, beginnt die Gewalt."

(Sokrates, griechischer Philosoph)

Konflikteskalation | Was tun, wenn nichts mehr geht?

Schreiduelle quer durchs Büro, gelöschte Daten vom PC des Kollegen oder Mobbing-Vorwürfe im Team – so eine Konflikteskalation ist nicht selten die Ausgangssituation für eine externe Konfliktberatung. Was heikel ist, denn auch erfahrene Mediatorinnen können nicht jeden Konflikt lösen. Vor allem dann, wenn die Wunden alt und tief sind.

Wenn auch der Konfliktprofi nicht mehr helfen kann, stellt sich für die Verantwortlichen in den Unternehmen nur mehr die Frage "Was nun?" Damit es erst gar nicht so weit kommt, lohnt sich ein Blick auf jene Faktoren, die eine solche Konflikteskalation herbeiführen können.

Das Dilemma mit den geschützten Bereichen

Die Erfahrung zeigt, dass sich Konflikte vor allem dann sehr ungünstig entwickeln können, wenn sich die betroffenen Konfliktparteien für unverwundbar halten. Oder anders gesagt, wenn es keine Angst vor Konsequenzen gibt. So ein Umfeld findet man häufig in Organisationen, in denen die Mitarbeiter einen besonderen Kündigungsschutz genießen oder überhaupt unkündbar sind. Sehr oft anzutreffen in öffentlich-rechtlichen oder staatsnahen Unternehmen.

Diese vertragliche Absicherung der Mitarbeitenden löst im Anlassfall bei vielen Führungskräften fatalerweise ein Gefühl der Ohnmacht aus. Was nicht selten dazu führt, dass ein Konflikt erst gar nicht thematisiert wird.
83 Weil es wegen fehlender Handlungsalternativen sowieso sinnlos erscheint. Oder – eine Unterstellung der Autorin und des Autors – weil man sich den mühsamen Weg einer Konfliktbearbeitung nicht antun möchte. Denn in solchen Organisationen sieht man sich als Führungskraft oft einer starken Belegschaftsvertretung gegenüber.

Interessanterweise zeigen sich in der Praxis nicht selten massive Konfliktfälle auch in einer Branche, in der man das als Außenstehender eher nicht vermuten würde – dem Sozialbereich. Dort werden Konflikte nach dem Motto behandelt: „Es kann nicht sein, was nicht sein darf“. Und daher so lange wie möglich totgeschwiegen. Hier führt das Selbstverständnis dieser Organisationen – dem Menschen zu dienen – zu einem massiven blinden Fleck in deren Konfliktkulturen. Diese sind dann der ideale Nährboden für den besonders destruktiven, „kalten“ Konflikt.

Der Preis für fehlendes Leadership

Die fehlende Konfliktkultur in Unternehmen jedoch nur auf organisatorische oder vertragliche Rahmenbedingungen zurückzuführen,

wäre zu banal. In der täglichen Konfliktarbeit zeigt sich immer wieder, dass
vor allem zwei Aspekte Garanten für eine Konflikteskalation sind: Die
mangelnde Feedback-Kompetenz der Mitarbeitenden, gekoppelt mit einer
ausgeprägten Konfliktscheu vieler Führungskräfte. Denn letztendlich sind
es die dort tätigen Menschen, die eine Unternehmenskultur gestalten. 77

Ist ein unreflektiertes Konfliktverhalten bei Mitarbeitenden vielleicht noch 99
verständlich, gelten für Führungskräfte andere Maßstäbe. Wer führen will, muss auch bereit sein, zu handeln und Entscheidungen zu treffen. Genau dafür werden Führungskräfte auch bezahlt. Aber wer entscheidet, stellt immer auch Interessen einer Partei über jene der anderen. Und läuft damit Gefahr, „Böse“ zu sein – egal, wie entschieden wird. Genau das wollen viele Führungskräfte nicht.

Im Gegenteil – sie gefallen sich viel besser in der Rolle von "Everybody's Darling". Jenem Führungstyp, der nur positive News parat hat und daher bei allen beliebt ist. Unangenehme Themen werden verdrängt und so lange wie möglich negiert. Und wenn diese doch einmal angesprochen werden, dann oberflächlich und ohne klare Vorgaben. Nicht selten werden zwar Sanktionen angedroht, im Zweifelsfall scheuen aber viele Führungskräfte
davor zurück, diese auch umzusetzen. 96

Kein Wunder, dass sich durch diese konsequente Inkonsequenz in der Führung auch in vielen privatwirtschaftlich geführten Unternehmen mit der Zeit „geschützte Bereiche“ entwickeln. Mit fatalen Folgen für die Konfliktkultur in diesen Organisationen.

Die Lösung liegt im frühzeitigen Handeln

Wenn bereits der Vorwurf des Mobbings im Raum steht oder Leistungsträger das Team verlassen haben, ist ein Konflikt meistens schon eskaliert. Aus so einem Scherbenhaufen kann auch die erfahrene Konfliktberaterin keine schöne Vase mehr gestalten. Bestenfalls ein Gefäß, das so gut wie möglich wieder funktioniert. Und selbst das kostet viel Zeit und Geld. Denn je länger ein Konflikt unkontrolliert Schäden verursacht hat, desto länger ist die "Regenerationsphase".

Für Führungskräfte ist es daher unerlässlich, im Konfliktfall rasch und konsequent zu handeln. Folgendes Vorgehen hat sich dabei bewährt:

1. Beobachten – nicht jede Meinungsverschiedenheit muss zur Chefsache gemacht werden. Manche Themen erledigen sich von allein.

75

2. Zeitgerecht ansprechen – sobald sich ein Konflikt zuspitzt, ist die Führungskraft gefordert. Spätestens wenn die Konfliktparteien nicht mehr miteinander reden, ist Gefahr in Verzug.

3. Unterstützung holen – wer als Führungskraft mit seinem Latein am Ende ist, braucht einen Konfliktberater. Auf jeden Fall dann, wenn er selbst Teil der Dynamik ist.

4. Konsequenzen androhen – ein Satz ist in der Konfliktarbeit für Führungskräfte besonders wichtig: „Der derzeitige Zustand wird nicht länger toleriert.“

5. Trennung – wer A sagt, muss B tun. Nicht jeder Konflikt lässt sich gemeinsam lösen. Und daher ist eine Trennung manchmal unumgänglich. Auch das ist eine Form der Konfliktlösung, aber für viele immer noch ein Tabuthema.

Diese skizzierten Interventionen sind in allen Organisationen anwendbar. Auch in jenen, in denen Konfliktparteien einen besonderen Kündigungsschutz genießen. Denn auch das zeigt die jahrelange Beratungserfahrung: Wenn Konflikte frühzeitig thematisiert und konsequent bearbeitet werden, führt das selbst in „geschützten Bereichen“ dazu, dass der unbefriedigende Status Quo verändert werden kann. "Wo ein Wille, da ein Weg", diese alte Volksweisheit gilt auch für die Konfliktarbeit.

„Toleranz ist gut. Aber nicht gegenüber den Intoleranten.“

(Wilhelm Buch, deutscher. Schriftsteller)

Konsequenz in der Konfliktarbeit | Wer A sagt, muss B tun

Konsequenz ist eine Verhaltensweise, die vielen Menschen schwerfällt. Bedeutet es doch meistens, dass wir unsere Komfortzone verlassen müssen, um zu einem gewünschten Ergebnis zu kommen. Das ist uns dann doch zu mühsam. Da agieren wir lieber nach dem Motto: „Es wird schon werden". Und vertrauen darauf, dass Probleme auch ohne unser Zutun wieder verschwinden.

Im privaten Umfeld kann jeder für sich entscheiden, wie er mit Problemen umgeht. Wer aber in einem Unternehmen als Führungskraft Verantwortung trägt, wird ohne konsequentes Agieren ein blaues Wunder erleben. Vor allem dann, wenn im Team Konflikte ausgebrochen sind....

Die Konsequenz in der Konfliktverleugnung

In der Konfliktberatung erlebt man tagtäglich, dass Unternehmen ein Spiegelbild der Gesellschaft sind. Unangenehmes so lange wie möglich auszublenden ist eine „Lösungsstrategie", die viele Führungskräfte und Mitarbeiterinnen bevorzugen. Besonders schwer fällt das Ansprechen eines Konfliktes in Unternehmen und Teams, die von einer familiären Kultur des Miteinanders geprägt sind.

Warum das so ist, liegt auf der Hand. Je näher man sich anderen Personen fühlt, desto stärker ist das Bedürfnis nach uneingeschränkter Harmonie mit eben diesen. Dazu kommt, dass viele Menschen ein überzeichnetes Bild der "perfekten Familie" oder des "perfekten Teams" im Kopf haben. Um dieses Bild nicht zu beschädigen, leben alle im Team nach der Devise: „Es kann nicht sein, was nicht sein darf". Daher werden Konflikte verleugnet, bis es knallt.

Aber letztendlich ist es vollkommen egal, aus welchen Motiven eine Konfliktverleugnung stattfindet. Fakt ist, dass durch konsequentes Wegschauen vor allem eines erreicht wird: Die Konfliktdynamik nimmt weiter zu, die Gruppe der betroffenen Personen wird größer und damit die Konfliktsituation für die verantwortliche Führungskraft noch komplexer. Was wiederum zur Folge hat, dass eines immer schwieriger wird: Das Ansprechen des Konfliktes.

Wer die Konsequenz scheut, sollte nicht führen

Auch wenn Führungskräfte endlich handeln, ist das noch lange keine Garantie dafür, dass ein Konflikt konstruktiv und konsequent bearbeitet wird. Im Gegenteil: Sehr oft ist zu beobachten, dass Konflikte nur oberflächlich bearbeitet werden. Mit der unausgesprochenen Hoffnung aller Beteiligten, aus dieser unangenehmen Gesprächssituation so schnell wie möglich wieder zu entkommen.

Menschlich ist das verständlich. Klartext reden, die „Karten auf den Tisch
legen“ oder einfach nur ehrlich die wechselseitigen Erwartungen klären:
Das haben viele von uns nicht gelernt. Aussitzen, wegducken oder
91 abtauchen – diese „Gesprächstaktiken“ bringen in Konfliktgesprächen keine
Lösung. Und so enden solche Gespräche ohne nachhaltige Ergebnisse. Aber
94 darüber sind die Beteiligten oft nicht unglücklich – denn damit bleibt auch
sichergestellt, dass niemand sein Verhalten ändern muss.

Wer als Führungskraft Konfliktgespräche ohne konkrete Vereinbarungen
beendet, die Einhaltung dieser Vereinbarungen nicht regelmäßig einfordert
und bei deren Nichteinhaltung nicht bereit ist, Konsequenzen zu ziehen, der
97 sollte diesen Sack erst gar nicht aufmachen. Damit erspart man sich selbst
und dem Team sinnlose Gesprächsrunden. Diese Person wäre allerdings gut
beraten, sich Unterstützung zu holen, um eine weitere Konflikteskalation zu
vermeiden. Und sie sollte ihre Eignung als Führungskraft ehrlich
hinterfragen. Zum Wohle aller.

Fazit – Ohne Konsequenz keine Veränderung

In einer Konfliktsituation darauf zu vertrauen, dass ein paar Gespräche genügen, damit alle wieder vernünftig werden, ist eine löbliche Einstellung. Naiv ist sie aber auch. Der Mensch mag nämlich keine Veränderung. Vor allem dann nicht, wenn es sein eigenes Verhalten betrifft. Daher wird er sich häufig erst dann bewegen, wenn andernfalls Sanktionen drohen.

Um Konflikte aufzulösen, ist es erforderlich, dass konkrete Vereinbarungen getroffen werden. Die danach regelmäßig auf Einhaltung überprüft werden. Und wenn diese Vereinbarungen nicht halten, muss es Konsequenzen geben. Wer im Konfliktfall A sagt, muss auch bereit sein, B zu tun. Oder wie es der deutsche Psychotherapeut Klaus Bernhardt so treffend formuliert: „Man muss die Konsequenzen ziehen, von allein kommen sie nicht.“

„Das einzige Konsequente an mir ist meine ewige Inkonsequenz."

(Oskar Wilde, irischer Lyriker)

Gerechtigkeitsfanatiker | Wie diese im Konfliktfall zu Extremisten werden können

Sie sind oft unüberhörbar. Jene Typen, die getrieben von ehrlicher Überzeugung, jedem Gesprächspartner erklären wollen, warum so manche Maßnahmen der Poltik richtig oder falsch sind. Unaufgefordert, unaufhörlich und unerbittlich.

Was geht da ab? Warum eskalieren Gespräche im Freundeskreis? Warum führt das sogar zu Bruchstellen quer durch Familien? Dabei wollen doch alle nur das eine: Gerechtigkeit in einer hochemotionalen Thematik.

Steigen wir also ein in eine Betrachtung, die wesentlich ist, um die Mechanismen in Konfliktsituationen zu verstehen. Um damit wieder eine Basis für ein Miteinander zu legen.

Gerechtigkeit – was ist das?

Der Kommunikationswissenschaftler Paul Watzlawick hat sich bereits vor vielen Jahren mit der Frage beschäftigt: „Wie wirklich ist die Wirklichkeit?“. Und festgehalten, dass jeder Mensch in seiner eigenen Wirklichkeit lebt bzw. sich diese immer wieder neugestaltet. Oder anders gesagt: Jeder Mensch hat seine eigene Vorstellung darüber, wie die Welt zu funktionieren hat. In Summe gibt es also ca. 8 Mrd. verschiedene Weltbilder auf dieser Erde.

77

Genauso verhält es sich mit der Frage: „Was ist Gerechtigkeit?“. Was vermuten Sie, passiert, wenn Sie in einem Konfliktfall den beteiligten Parteien die Frage nach einer gerechten Lösung stellen? Genau, Sie bekommen mit hoher Wahrscheinlichkeit ganz unterschiedliche Lösungen präsentiert. Und alle Parteien sind überzeugt davon, dass ihre Lösung die einzig richtige (=gerechte) ist.

Was also ist Gerechtigkeit? Diese Frage lässt sich nur so beantworten: Für jeden etwas anderes! Gerechtigkeit ist immer subjektiv. Dieses eigene Bild, wie die Welt „richtigerweise“ zu sein hat, fußt auf einer Fülle von Indikatoren: Erziehung, Bildung, Freundeskreis, politische und religiöse Einstellung und vieles mehr. Und in der heutigen Zeit besonders wesentlich: Das, was uns in den Medien als Gerechtigkeit vermittelt wird.

Gefangen im Gerechtigkeitswahn

Wenn nun Personen mit einem stark ausgeprägten Gerechtigkeitssinn ihre unterschiedlichen Weltbilder austauschen, führt das schnell dazu, dass ein Gespräch eskaliert. Ab einem bestimmten Zeitpunkt steht für Gerechtigkeitsfanatiker nur mehr eines im Vordergrund: Recht zu behalten bzw. sich für erlitten geglaubtes Unrecht zu rächen. Ist dies der Fall, ist man bereits im Konflikt gefangen und nicht mehr in der Lage, diesen ohne externe Hilfe zu lösen.

Jeder von uns kennt vermutlich so einen Fall. Egal ob Nachbarschaftsstreit oder Konflikt unter Arbeitskollegen: Die Streitparteien reden zwar miteinander, bringen aber immer wieder die gleichen Argumente vor. Getrieben von der eigenen Überzeugung im Recht zu sein, dreht man sich endlos im Kreis, bis es einem der Beteiligten reicht. Und dieser dann das tut, wovon er glaubt, dass es richtig ist. Er setzt also seine eigene Gerechtigkeit um.

Die Folge? Beim Gegenüber entsteht das Gefühl über den Tisch gezogen oder betrogen zu werden. Befeuert von diesen negativen Emotionen wird das erlebte Unrecht mit gleicher Münze zurückgezahlt. Das Motiv hat sich allerdings gewandelt. Es geht nun nicht mehr um Gerechtigkeit, sondern um Rache. Wie diese Geschichte weiter geht? Es gibt mit Sicherheit für beide Seiten kein Happy End….

Im Gespräch bleiben heißt: Weg vom ICH, hin zum DU

Wer hat recht? Was ist gerecht? Diese Fragen bringen im Konfliktfall keine Lösung. Sie engen die eigene Sichtweise ein, weil sie davon ausgehen, dass es nur eine Wahrheit gibt. Gerechtigkeitsfanatiker, für die nur das eigene
87 Weltbild zählt, neigen daher im Konfliktfall zu Extremismus. Denn es gibt wohl kaum einen stärkeren Konflikttreiber, als das Gefühl im Recht zu sein oder ungerecht behandelt zu werden.

Warum hat mein Gesprächspartner eine andere Sicht der Dinge? Wie sieht sein Hintergrund aus? Was sind seine Ängste und Sorgen? Solche Fragen leiten unsere Gedanken weg von der engstirnigen eigenen Gerechtigkeit hin zur Gefühlswelt des anderen.

Zwar ist dieser Perspektivenwechsel keine Garantie dafür, dass wir dadurch auch zu einer gemeinsamen Sicht der Dinge kommen. Aber wenn wir auf die Bedürfnisse unseres Gegenübers achten, werden wir zumindest weiterhin eine Gesprächsbasis finden. Und dann vielleicht sogar akzeptieren können, dass andere Menschen auch ein anderes Weltbild haben.

„We agree, to disagree“ – auch das kann ein Lösungsansatz sein.

> *„Das Vergnügen, Recht zu behalten, wäre unvollständig ohne das Vergnügen, andere ins Unrecht zu setzen.“*
> *(Voltaire, französischer Philosoph)*

Krisenjahre | Warum das Konfliktbarometer steigen wird

Noch ist eine krisenhafte Situation nicht vorbei, erleben wir schon die nächste. Dies hat das Potential für große Wirtschaftseinbrüche. Solche Bedrohungsszenarien werden in vielen Unternehmen zu einem massiven Kostendruck und zu einer Beschleunigung von Digitalisierungsprozessen führen. Der ideale Mix für ein stetig wachsendes Konfliktpotential in den Arbeitsteams.

Mittendrin stehen Führungskräfte, die in diesen turbulenten Zeiten sehr häufig als Konfliktmanager gefordert sein werden. Viele sind nicht mit der nötigen Konfliktkompetenz ausgerüstet und zudem oft selten bereit, sich Unterstützung zu holen – weder innerhalb noch außerhalb des Unternehmens.

Das ist schade – viele HR-Abteilungen wissen über Konfliktdynamiken bestens Bescheid und stehen unterstützend zur Seite. Meistens werden sie jedoch erst kontaktiert, wenn bereits Feuer am Dach ist und irreversible Schäden entstanden sind. Was kann trotzdem hilfreich sein?

Das P-I-E-Modell in der Konfliktarbeit

Diese drei Buchstaben beinhalten alles, was Führungskräfte brauchen, um in jeder Phase eines Konfliktes handlungsfähig zu bleiben.

1. P – wie Prävention

Jede professionelle Konfliktarbeit beginnt mit der Bewusstseinsschärfung bei den Führungskräften. Dabei stehen folgende Themen im Mittelpunkt:

- Konflikte sind normale Entwicklungen, wenn Menschen, miteinander in Beziehung treten.
- Konflikte zeigen Unterschiede auf. Erst wenn diese nicht beachtet werden, entsteht daraus eine negative Dynamik.
- Entscheidend ist das Wissen über die Konfliktdynamiken, um zeitgerecht handeln zu können.

Wenn Führungskräfte das Wesen einer Konfliktdynamik verstanden haben, ist das die beste Voraussetzung für eine zeitgerechtes Agieren im Ernstfall.

2. I – wie Intervention

Wenn ein Konflikt über das Stadium von Meinungsverschiedenheiten hinausgeht, ist der Zeitpunkt zum Handeln gekommen. Jetzt müssen Führungskräfte reagieren und die Kontrahenten an den Tisch holen. Dabei sollten immer die Interessen aller beteiligten Parteien in der Lösungsfindung betrachtet werden. Es wird eine Win-Win-Situation angestrebt und der Konsens ist das Ziel.

Das setzt Folgendes voraus:

- Alle Konfliktparteien haben ein ehrliches Interesse an einer gemeinsamen Lösung und sind bereit, dafür Zeit zu investieren.
- Alle Konfliktparteien begegnen sich auf „Augenhöhe“ und die Interessen von Führungskräften und Mitarbeitenden haben den gleichen Stellenwert.
- Die Moderation der Gesprächsrunden durch eine neutrale Person ist unabdingbar, wenn die Führungskraft Teil der Konfliktdynamik ist.

Nur die Konsenslösung sichert allen Konfliktparteien Stabilität und eine nachhaltige Lösung. Führungskräfte, die in entsprechenden Gesprächstechniken geschult sind, agieren proaktiv und konstruktiv und beugen damit einer weiteren Eskalation vor.

3. E – wie (gezielte) Eskalation

Was tun, wenn nichts mehr geht? Wenn eine gemeinsame Lösung zwischen den Konfliktparteien definitiv nicht möglich ist, wird durch eine gezielte Eskalation die Beendigung des Status quo erreicht. Einen Konflikt zu eskalieren, heißt für Führungskräfte, auch in schwierigsten Situationen das „Heft des Handelns“ nicht aus der Hand zu geben.

Folgende Punkte sind dabei zu beachten:

- Anstelle einer Win-Win-Situation tritt der Aspekt der „Gesichtswahrung“.
- Es ist darauf zu achten, dass die unterlegene Partei nicht „vernichtet“ wird.
- Nur dadurch kann eine emotionale Gegenreaktion des Gegenübers verhindert werden.

Die gezielte Eskalation ist die „Meisterklasse“ in der Konfliktarbeit. Für die Vorbereitung auf so ein Agieren und für die Reflexion über die möglichen Konsequenzen, hat sich externes Einzelcoaching als Begleitmaßnahme bestens bewährt.

Fazit

Die bevorstehenden wirtschaftlichen Entwicklungen werden dazu führen, dass professionelles Konfliktmanagement bei Führungskräften als Kernkompetenz mehr denn je gefordert sein wird. Eine entsprechende Qualifizierung nach dem P-I-E-Modell kann dabei einen wertvollen Beitrag leisten.

Das Wissen über Konfliktdynamiken, die Fähigkeit zu intervenieren und den Mut - wenn notwendig - auch gezielt zu eskalieren – diese Fähigkeiten brauchen Führungskräfte, um ihr Team durch turbulente Zeiten steuern zu können.

Und HR-Abteilungen, die sie als „First-Level-Support“ dabei unterstützen.

> *„Konflikte entstehen oft im gegenseitigen Verschweigen.“*
>
> *(Otto Baumgartner-Amstad, Schweizer Autor)*

Remote Work | Allein lässt sich's nicht gut streiten

In vielen Unternehmen mit Büro-Arbeitsplätzen hat sich in den letzten Monaten die Arbeitsorganisation radikal verändert. Remote Work im Home Office hat der Präsenzarbeit in den Großraumbüros den Rang abgelaufen.

Was in Zukunft dazu führen wird, dass Arbeitsteams verstärkt physisch voneinander getrennt arbeiten werden. „Eh besser“ werden sich jene Führungskräfte denken, die von den ständigen Konflikten im Team schon genervt sind.

Distanzierung mittels Home Office – eine ideale Lösung im Konfliktfall. Oder doch nicht???

Remote Work schafft Distanz zu nervenden Kollegen

Eine räumliche Trennung von Mitarbeitenden, die im Team nicht harmonieren, war schon immer eine beliebte Form der Konfliktlösung durch deren Führungskräfte. Zunehmend wurde in den letzten Jahren eine Distanzierung der Konfliktparteien auch durch die Gewährung von Home Office erreicht. In solchen Fällen nutzte man Remote Work vorwiegend als Mittel zum Zweck in einem eskalierten Teamkonflikt.

Was als provisorischer Lösungsansatz auch funktionieren kann. Distanzierung schafft immer auch eine emotionale Entlastung bei den involvierten Konfliktparteien. Den unliebsamen Kontrahenten jeden Tag über den Weg zu laufen, wird von den Betroffenen zunehmend als negativ und belastend empfunden. In weiterer Folge ist deren Arbeitsalltag empfindlich gestört und die Gedanken- und Gefühlswelt befindet sich in einer Negativspirale. Destruktives Verhalten gegenüber der anderen Seite ist die logische Folge.

Wenig verwunderlich haben sich daher durch das kollektive Remote-Work in vielen Teams die Konflikte schlagartig entschärft. Zum Teil sind hier sogar paradoxe Entwicklungen zu beobachten. Die „überfallsartige“ Distanzierung durch Home Office für alle hat zu einem neuen Miteinander geführt. Es galt, innerhalb kürzester Zeit als Team auch remote zu funktionieren.

Vielfach ist das gut gelungen. Auch deshalb, weil die Kommunikation in den Video- und Telefonkonferenzen vorwiegend auf der Sachebene abläuft. Und damit kaum Zeit & Platz für persönliche Befindlichkeiten bleibt. Den Konflikten wurde somit der „Nährboden“ entzogen. Vorerst....

Remote Work schafft neue Konfliktfelder

Ein gemeinsames Feindbild im Außen und möglichst viel Remote Work im Team – ideale Rahmenbedingungen für ein konfliktfreies Arbeitsumfeld? Leider nein. So einfach ist es dann doch nicht. Denn in den meisten Unternehmen wird es nicht bei dieser extremen Ausprägung an Home Office bleiben, sondern es wird sich ein sinnvoller Mix aus Remote Work und Präsenzarbeit einpendeln. Und damit werden latente Konflikte im Team über kurz oder lang wieder aufbrechen.

Darüber hinaus birgt Remote Work zusätzliches Konfliktpotential. Das beginnt schon bei der simplen Einteilung, wer wann Home-Office machen darf. Besonders beliebt sind bei vielen Montage, Freitage und "Fenstertage". Das schafft zusätzliche Brisanz für die Führungskräfte bei der Personaleinsatzplanung. Aber auch gemeinsame Video-Konferenzen können Unfrieden im Team stiften. Und zwar dann, wenn einzelne Team-Mitglieder diese in einer überhitzten Stadtwohnung erdulden müssen, während andere ganz entspannt aus dem eigenen Garten in die Kamera grüßen.

Aber nicht nur Abwesenheitsdebatten können in einem Team zu Problemen führen. Auch das Präsenzverhalten einzelner Kollegen birgt Zündstoff. Denn wer viel zu Hause sitzt, ist vom Team isoliert und fällt vielleicht auch der Führungskraft gar nicht mehr auf. Wer hingegen dauerhaft im Büro Präsenz zeigt, hat dadurch die Möglichkeit, diese „Bühne“ entsprechend zu nutzen. Sehr leicht kann dadurch im Management folgendes Bild entstehen: Wer nicht da ist, wird auch nicht gebraucht. Und unsere wichtigen Mitarbeiter sind zum Glück immer vor Ort.

Remote Work = Anderes Umfeld, gleiche Kollegen

COVID war der Katalysator für die Einführung von weitreichendem Home Office in den Unternehmen. Und zwar sowohl auf der Ebene der Manager als auch auf jener der Mitarbeitenden. Von allen Seiten werden die Annehmlichkeiten und Möglichkeiten vom Remote Work nun gelobt. Aber der entscheidende Proof of Concept für den Spirit im Team und für eine echte Akzeptanz des Remote Work steht vielfach erst bevor.

Und zwar dann, wenn die meisten Mitarbeitenden wieder – zumindest zeitweise - in die Büros zurückkehren. Damit wird sich auch in den Teams der Fokus zunehmend wieder auf den normalen Arbeitsalltag richten. Und es endet die krisenbedingte "Schonzeit" für den ungeliebten Kollegen. Vor allem, wenn es wirtschaftlich eng wird und die ersten Gerüchte über Stellenabbau die Runde machen.

Remote Work beinhaltet viele Chancen: Die Gestaltung effizienter Arbeitsmeetings, den Wegfall unnötiger Anfahrtszeiten, die Nutzung digitaler Arbeitsmittel oder die Möglichkeit in Ruhe an Konzepten zu arbeiten. Als Deeskalationsmittel im Konfliktfall eignet sich die Distanzierung mittels Home Office nur bedingt.

Denn wer allein zu Hause sitzt, kann zwar nicht streiten, hat aber viel Zeit zum Nachdenken. Und das kann ordentlich ins Auge gehen.

„Die kürzeste Distanz zwischen zwei Punkten ist oft unerträglich."

(Charles Bukowski, amerikanischer Autor)

Über den Umgang mit Andersdenkenden | Take it or leave it

„Entweder wir finden einen Weg, oder wir machen einen". Diese radikale Philosophie des antiken Kriegsherrn Hannibal im Umgang mit Widerständen scheint in unserer Gesellschaft ein Revival zu erleben. Heute sagen wir salopp dazu: „Wer nicht passt, wird passend gemacht."

Eine Entwicklung, die in der Konfliktberatung schon lange wahrnehmbar war, ist im Zuge der COVID-Krise noch deutlicher sichtbar geworden: Unser Umgang mit gegensätzlichen Ansichten bei emotional aufgeladenen Themen bewegt sich immer mehr in Richtung eines Schwarz-Weiß-Denkens.

Hier Freund, dort Feind: Das ist ein bequemer Konflikt-Zugang, der schnell Orientierung gibt. Ob wir mit dieser Haltung gegenüber Andersdenkenden langfristig glücklich werden? Es gäbe auch noch andere Mittel und Wege…

Take it – Die hohe Kunst der Akzeptanz

„Lass das Verhalten anderer nicht deinen inneren Frieden stören". Zugegeben, dieser Ratschlag des Dalai Lama ist ein hoher Anspruch. Aber sich an dieser Haltung zu orientieren, macht auch dann Sinn, wenn wir auf eine Person treffen, deren Ansichten und Einstellungen konträr zu unseren eigenen sind. Denn dann denken wir vielleicht zuerst einmal darüber nach, ob uns dieses Thema überhaupt wichtig genug ist, bevor wir uns in „bad vibrations" stürzen. 85

Dieses Reflektieren im Vorfeld eines Konflikts hat noch einen Vorteil: Wir können dadurch vielleicht auch wahrnehmen, welche positiven Eigenschaften die Person gegenüber hat. Und uns erinnern, warum wir überhaupt mit dieser in Beziehung getreten sind. Im Streitfall schaffen wir das ab einem bestimmten Zeitpunkt nicht mehr. 89 Dann stecken wir fest in einem Selektionsprozess, der nur darauf abzielt, das Negative am anderen festzumachen.

Gegenteilige Ansichten zu akzeptieren - und zwar bedingungslos - bedeutet also, den eigenen Umgang mit dieser Thematik zu reflektieren. Wenn wir nur oberflächlich akzeptieren, werden wir unser Gegenüber den Unwillen nonverbal spüren lassen. Und damit den Konflikt unterschwellig weiterführen. Wenn wir daher in einer uns wichtigen Thematik bedingungslose Akzeptanz einer gegenteiligen Meinung nicht schaffen, ist es besser, die Beziehung mit dieser Person - soweit das möglich ist - zu beenden. Das erspart beiden Seiten weitere Kränkungen.

Change it – Bei Wertekonflikten unmöglich

Jetzt könnte man natürlich argumentieren, bevor ich diesen Schritt setzte, kann ich doch alles versuchen, um mein Gegenüber von der Richtigkeit meiner Ansichten zu überzeugen. Aber seien wir ehrlich, dieser Gedanke ist der erste Schritt zum eingangs zitierten „Wer nicht passt, wird passend gemacht.“ Es gibt eben Einstellungen und Werthaltungen, die nicht verhandelbar sind. Ein gutes Beispiel dafür: Die Polarisierung unserer Gesellschaft in Bezug auf COVID-19-Maßnahmen.

Wenn ein Thema emotional hoch aufgeladen ist, gibt es keine inhaltlichen
Kompromisse. Sieg oder Niederlage lautet oft die Devise. Jede Information,
jedes Argument, welches nicht in unser Werte- und Überzeugungssystem
79 passt, erleben wir als Störung. Und diese Störung trachten wir sofort mit
81 einem Gegenargument zu eliminieren. Gleichzeit beharren wir noch mehr
darauf, dass wir im Recht sind. Es ist absehbar, wohin eine solche
Gesprächsdynamik führt.

Eine Chance bietet ein ehrlich geführter Dialog bei fundamental unterschiedlichen Meinungen trotzdem: Er kann uns helfen, den anderen besser zu verstehen. Das Instrument dazu? Aktives Zuhören.

Schritt 1: Ich höre meinem Gegenüber mit ungeteilter Aufmerksamkeit zu (und achte auch auf dessen Körpersprache)

Schritt 2: Ich wiederhole mit eigenen Worten, was mein Gegenüber gerade gesagt hat. Erst durch eine Bestätigung wird sichergestellt, dass ich das Gesagte auch richtig verstanden habe.

Schritt 3: Ich sage das, was mein Gegenüber nicht gesagt hat, ich aber nonverbal wahrgenommen habe (z.B. „Diese Situation scheint dich sehr zu belasten, oder?“, „Hast du das Gefühl, dass ich dich nicht ernst nehme?“)

Auch ein aktives Zuhören wird das Wertesystem meines Gegenübers nicht verändern. Aber es ist ein starkes Signal auf der Beziehungsebene. „Wir stimmen zwar nicht überein, aber es ist mir wichtig zu verstehen, warum du anders denkst“. Und dieses Verstehen brauchen wir, um eine andere Meinung akzeptieren zu können. Womit wir dann wieder beim Take it wären.

Leave it – Aus dem Weg gehen, nicht gemeinsam leiden

Wenn unterschiedliche Werthaltungen und festgefahrene Einstellungen aufeinandertreffen, gibt es eigentlich nur zwei Möglichkeiten, damit konstruktiv umzugehen: Die bedingungslose Akzeptanz oder ein „Aus dem Weg“-Gehen bzw. ein „Auseinander“-Gehen. Nicht jeder Deckel passt auf jeden Topf. Nicht jeder Mitarbeitende passt in jedes Unternehmen.

Und es macht daher keinen Sinn, andere für uns „passend zu machen“. Die Unterwerfung von Andersdenkenden funktioniert auch in hierarchischen und machtorientierten Systemen nur scheinbar. Der Schwächere wird sich zwar formal fügen, aber mental im Widerstand bleiben. Und weiterhin Mittel und Wege suchen, um gegen den Willen des Stärkeren aufzubegehren.

Unterschiedliche Lebenseinstellungen können sehr bereichernd sein. Nicht umsonst heißt ein Sprichwort: „Gegensätze ziehen sich an“. Der konstruktive Umgang mit gegensätzlichen Werten setzt allerdings eine vertrauensvolle Beziehung zum Gegenüber voraus. Ist diese gegeben, wird Akzeptanz gelingen. Ist diese gestört oder hat es nie eine gegeben, werden solche Diskussionen schnell hochemotional und verletzend.

Die Krisen der letzten Jahre haben vieles zum Vorschein gebracht, was bisher so nicht sichtbar war. Auch die Art und Weise, wie wir in unserer Gesellschaft mit Andersdenkenden umgehen. Wenn wir dabei weiterhin nur auf Unterwerfung setzen, gehen wir konfliktträchtigen Zeiten entgegen.

Wir sollten es zur Abwechslung mal mit Akzeptanz und Toleranz versuchen. Denn Ausweichen, das geht in diesem Fall nicht - es gibt nur eine Welt, in der wir alle leben.

„Dem anderen sein Anderssein zu verzeihen,

ist der Anfang von Weisheit.“

(chinesisches Sprichwort)

Eigenverantwortung | Warum der Sündenbock unser Lieblingstier ist

Die Suche nach Schuldigen ist in unserer Gesellschaft tief verankert. Für Missstände gilt es immer jemand (anderen) verantwortlich zu machen. Das zeigt auch der Blick auf die Headlines in den Tageszeitungen oder in den Nachrichtensendungen: Egal, was in der Politik, in der Wirtschaft oder im lokalen Umfeld passiert, eine Frage darf nie fehlen: „Wer ist schuld?“

Eigenverantwortung ist unbequem

Dieses Denken geht auch an Unternehmen nicht spurlos vorbei. Und zeigt sich dadurch, dass bei Zielabweichungen oder Konflikten die Suche nach Schuldigen oft im Vordergrund steht. Aus Angst vor Sanktionen haben daher viele Mitarbeiter vor allem eines gelernt: Probleme so lange wie möglich unter den Teppich zu kehren. Bis der Deckel vom Topf fliegt. Lösungsorientiert ist dieser Zugang nicht. Im Gegenteil – durch so ein Verhalten werden die bestehenden Probleme nur verschärft. Und schwerwiegende Folgeschäden riskiert.

89 Jeder hat es schon einmal erlebt: Wenn ein Projekt in Zeitverzug kommt, geht es bald nur mehr um eine Frage: „Wer ist schuld“? Die Antwort: „Das waren die anderen.“ Aber auch dann, wenn wir allein an einer Aufgabe gearbeitet haben, sind es immer Faktoren außerhalb unseres Einflussbereiches, die den Erfolg verhindert haben: „IT-Probleme“, „ein schwieriges Markt-Umfeld“ oder „unglückliche Umstände“. Unsere Analyse kommt jedenfalls prompt und ohne Zögern: „Wir waren machtlos“.

Es gibt aber vermutlich noch einen Grund, warum wir unseren eigenen Anteil an bestimmten Ergebnissen nicht gerne hinterfragen: Es könnte sein, dass wir zu der Erkenntnis kommen, einiges zu dem Misserfolg mit beigetragen zu haben. Und das könnte dazu führen, dass wir zukünftig unser Denken und Handeln in ähnlichen Situationen ändern müssten, um nicht wieder die gleichen Fehler zu machen. Und nichts fällt uns Menschen schwerer als Veränderung.

Eigenverantwortung ist unüblich

Hand aufs Herz: Wie viele Personen in Ihrem Umfeld kennen Sie, die selbstkritisch genug sind, im Anlassfall von sich aus Fehler einzugestehen oder ein falsches Handeln zuzugeben? Wir wagen zu behaupten, es sind nicht viele. Das ist nicht weiter verwunderlich in einer Zeit, in der wir in Politik und Wirtschaft von Personen umgeben sind, die den Begriff Fake News erfunden und die eigene Selbstinszenierung perfektioniert haben. Es stellt sich daher die Frage, ob wir nicht die falschen Vorbilder haben.

„Der Fisch beginnt am Kopf zu stinken.“ Das gilt für die gesellschaftliche Öffentlichkeit genauso, wie für Profit- oder Non-Profit-Organisationen. Wenn wir uns an Personen orientieren, die sich Erfolge durch geschicktes Eigenmarketing auf Ihre Fahnen heften, aber nie für einen Misserfolg die Verantwortung übernehmen, brauchen wir uns nicht zu wundern, wenn wir dieses Denken und Handeln übernehmen – bewusst oder unbewusst.

Eigenverantwortung ist unverzichtbar

Die berühmte Frage nach dem Sündenbock („Wer ist schuld?“) bringt uns nicht weiter. Im Wiederholungsfall würde das lediglich bedeuten: „The same procedure as every year“. Wir würden genau den gleichen Fehler wieder machen – und dann einen anderen Sündenbock suchen. Das Spiel ließe sich beliebig lange fortsetzen. Blöderweise kommen wir dadurch im Ergebnis keinen Schritt weiter.

Das eigene Denken und Handeln auch bei Misserfolgen zu hinterfragen, birgt für uns in Wirklichkeit eine ungeheure Chance zur Weiterentwicklung. Nur wer Fehler macht und daraus die richtigen Schlüsse zieht, wird beim nächsten Mal zum gewünschten Ergebnis kommen. Sich selbst zu reflektieren ist oft schmerzhaft, aber unverzichtbar.

Natürlich können wir es uns leicht machen und bei einem Misserfolg darauf warten, dass sich die anderen ändern. Es könnte aber sein, dass das nie passiert. Und das bedeutet Stillstand. Wenn wir Eigenverantwortung zeigen und unseren Beitrag einer unbefriedigenden Situation reflektieren, dann können wir mit den daraus gewonnenen Erkenntnissen gegensteuern. Und das bedeutet Fortschritt.

Opfer oder Gestalter – wir haben es in der Hand. Und dafür brauchen wir keine Vorbilder.

„Wenn ein Politiker nicht schwimmen kann,
ist grundsätzlich die Badehose schuld.“
(unbekannt)

Konfliktumfeld 2022 | Unsicherheit ist die neue Normalität

„Es gibt keine Sicherheit, nur verschiedene Grade der Unsicherheit.“ Dieses Zitat des russischen Schriftstellers Anton P. Tschechow beschreibt treffend die aktuelle Situation in vielen Unternehmen. Noch nie waren Wirtschaftsprognosen so ungewiss wie heute. Langjährige Depression oder rasche Erholung – alles steht zur Diskussion.

Die weltweite COVID-19-Krise hat uns jedenfalls innerhalb kürzester Zeit drastisch vor Augen geführt, wie fragil und anfällig so ein globalisiertes Wirtschaftssystem eigentlich ist. Und dass nur eine Wirtschaftsmaxime immer ihre Gültigkeit hat: Nix ist fix!

Was Unsicherheit mit uns macht

Wie Menschen mit Unsicherheit umgehen, ist von Typ zu Typ verschieden und hängt sehr stark vom sozialen Umfeld und den daraus resultierenden Lebenserfahrungen ab. Während in anderen Erdteilen viele Menschen nicht wissen, ob sie morgen genug zu essen haben, wurden wir in Mitteleuropa in Gesellschaftssystemen sozialisiert, die von einem hohen Lebensstandard und von sozialen Auffangnetzen geprägt sind. Hunger leiden muss in unseren Breitengraden kaum jemand.

Aber auch wir sind in dieser „Vollkasko-Welt“ immer wieder mit Umbrüchen wie Job- oder Wohnungswechsel, Prüfungen oder Krankheiten konfrontiert. Doch verglichen mit vielen anderen Bewohnern dieses Planeten, leben wir weitgehend in einem stabilen und sicheren Umfeld. Was uns auch gut tut, denn dadurch wird unser elementares Grundbedürfnis nach Ordnung und Struktur befriedigt. Solange wir das Gefühl haben, vieles kontrollieren zu können, fühlen wir uns sicher.

Gerät diese heile Welt aber aus den Fugen, wird es schnell kritisch. Ein Gefühl von Kontrollverlust nimmt von uns Besitz, und Ängste und Sorgen bestimmen vielfach unseren Alltag. Bei manchen Menschen in einem Ausmaß, das für Außenstehende irrational erscheint. Aber damit sind wir wieder am Anfang: Die gleiche unsichere Situation tun die einen lapidar mit dem Satz ab: "Wird schon gut gehen", während die anderen panisch in Schockstarre verfallen. Je nach sozialer Prägung und Lebenserfahrung.

Den Umgang mit Unsicherheit kann man lernen

In der medialen Debatte werden die wirtschaftlichen Auswirkungen der COVID-Maßnahmen oft mit der Weltwirtschaftskrise der 1930-er-Jahre verglichen. Ob diese Szenarien zutreffen, wissen wir nicht. Aber allein die intensiven Diskussionen darüber zeigen, dass wir es aktuell mit einer

Krisensituation zu tun haben, welche die meisten von uns in diesem Ausmaß noch nie erlebt haben.

Die Erdölknappheit in den 1970-ern, das Platzen der dot.com-Blase Anfang der Jahrtausend-Wende oder der Finanzcrash 2008 – je nach Lebensalter waren diese Krisen vermutlich die größten wirtschaftlichen Verwerfungen, die viele von uns bisher erlebt haben. Abgesehen von diesen temporären Dellen, ist es mit der Weltwirtschaft seit Ende des zweiten Weltkrieges kontinuierlich bergauf gegangen. Und dieses stetige Wirtschaftswachstum war auch der Garant für unseren jetzigen Wohlstand.

Aber kein Vorteil ohne Nachteil. Ein angenehmes, berechenbares Leben, angetrieben vom ständig brummenden Wirtschaftsmotor, hat uns zu einer Scheinsicherheit verleitet. Der Preis, den wir dafür bezahlt haben: Wir haben kaum Erfahrungen sammeln können, wie man mit Unsicherheit umgeht. Die gute Nachricht: Den Umgang mit Unsicherheit kann man lernen. Aber nur, indem man sich in die Unsicherheit begibt.

Es ist wie beim Schwimmen: Am Beckenrand im Trockentraining die Schwimmzüge zu simulieren, ist zu wenig. Wer ein guter Schwimmer werden will, muss irgendwann hinein ins Wasser. Und erleben, dass er oder sie nicht untergeht.

Unsicherheit zu managen wird zur Kernkompetenz

Dass sich das Zeitalter der wirtschaftlichen Scheinsicherheit seinem Ende nähert, hat sich spätestens seit der Finanzkrise 2008 abgezeichnet. Stück für Stück ist der Lack von der langjährig gepflegten Wirtschaftsfassade abgebröckelt. COVID19 ist nun zum Katalysator geworden. Wie immer in Krisenzeiten, wird besonders gut sichtbar, was noch gut funktioniert und welche Systeme eigentlich schon innerlich erodiert sind.

Sicher ist heute nur eines: Die wirtschaftliche Entwicklung in den kommenden Jahren ist unsicher. Eigentlich ein lapidarer Satz, der immer schon Gültigkeit hatte, den wir aber viele Jahre lang aus Bequemlichkeit verdrängt haben. Als Generation, die von einer Vollkasko-Mentalität geprägt ist, steht uns im Umgang mit Unsicherheit eine steile Lernkurve bevor. Wir sind gefordert, so rasch wie möglich unsere scheinsichere Komfortzone zu verlassen und uns unseren Ängsten und Sorgen in Bezug auf unsichere Situationen zu stellen. Wir müssen also den Stier der Unsicherheit bei den Hörnern packen und initiativ werden.

Wie immer, wenn es um Veränderung geht, ist dabei im ersten Schritt zu akzeptieren, dass es nun anders ist. Erst wenn wir das verinnerlicht haben, werden wir auch bereit sein, uns auf Unsicherheit einzulassen und Neues auszuprobieren. Danach werden wir erkennen und lernen, dass unsichere Zeiten nicht gleichzeitig das Ende der Welt bedeuten. Wenn es uns gelingt, den Umgang mit Unsicherheit als Herausforderung und als persönliches Wachstumsfeld zu begreifen, dann haben wir eine neue, wichtige Kernkompetenz erlangt.

„Du hast die Wahl. Du kannst dir Sorgen machen,
bis du davon tot umfällst. Oder du kannst es vorziehen,
das bisschen Ungewissheit zu genießen."
(Norman Mailer, US-Autor)

Konflikte | Sinn und Nutzen in der Arbeitswelt

Kaum einem anderen Thema in der betrieblichen Aus- und Weiterbildung wird so viel Zeit und Energie gewidmet, wie der Qualifizierung der Mitarbeitenden im Umgang mit Konflikten. Die tägliche Praxis in der Konfliktberatung zeigt, dass für einen lösungsorientierten Umgang mit Konflikten vor allem 2 Aspekte entscheidend sind: Unstimmigkeiten möglichst früh anzusprechen und sich vor allem auch zu fragen, was sich hinter einem Konflikt verbergen könnte.

Was uns Konflikte sagen und wie wir sie nützen können

In unserer westlichen Kultur passt die Kombination „Konflikt + Nutzen“ nicht ins logische Denkmuster. Unserem Konfliktverständnis nach muss immer eine von zwei Meinungen falsch sein. Ganz anders ist der Zugang zum Konflikt in den asiatischen Kulturen. Beispielhaft dafür ein Zitat des chinesischen Philosophen Lao-Tse „Nur wer beide Seiten einer Medaille kennt, ist im Besitz der ganzen Wahrheit“.

Diese Betrachtungsweise impliziert, dass Konflikte immer auch einen Sinn und Nutzen haben.

1. Konflikte machen Probleme bewusst

Die Beteiligten erfahren, wo die Brennpunkte liegen und was sie selbst tun müssen, um sie zu entschärfen.

2. Konflikte stärken den Willen zur Veränderung

Sie signalisieren, dass etwas verändert werden muss. Zum Beispiel: Eine alte Gewohnheit aufgeben, eine andere Einstellung aneignen, neue Fähigkeiten erwerben.

3. Konflikte erzeugen Veränderungsdruck

Einen Druck, Probleme aktiv anzugehen. Ohne diesen Druck fehlt häufig die Kraft und Entschlossenheit, brisante Themen anzupacken.

4. Konflikte geben Anstoß, Fähigkeiten und Kenntnisse zu vertiefen

Die zunächst schwer verständlichen Ansichten der anderen Seite machen neugierig, dem Thema auf den Grund zu gehen und neue Einsichten zu gewinnen.

5. Konflikte fördern Kreativität

Ein Problem kann verschieden gesehen und bewertet werden. Die Betrachtung aus einem anderen Blickwinkel vertieft das Problemverständnis der Beteiligten und erhöht die Chance, eine neue und kreative Lösung zu finden.

6. Konflikte führen zu besseren Entscheidungen

Meinungsverschiedenheiten und Kontroversen zwingen uns dazu, eine Entscheidung sorgfältig zu durchdenken, widersprüchliche Alternativen durchzuspielen und erst dann für eine Lösung einzutreten.

Fazit

Wer seine Konfliktkompetenz stärken möchte, tut gut daran, seine grundsätzliche Haltung zum Thema Konflikt zu überdenken. Wem es gelingt, unterschiedliche Sichtweisen als normal, bereichernd und grundsätzlich konstruktiv zu sehen, der wird auch in der Lage sein, im Anlassfall ein breiteres Lösungsspektrum zu erarbeiten und nachhaltige Lösungen zu finden.

„Willst du Recht haben oder glücklich sein? Beides geht nicht.“

(Marshall B. Rosenberg, Psychologe & Mediator)

Teil 2: Tipps und Werkzeuge zur Konfliktlösung

Einleitende Gedanken

Konflikte werden von den Betroffenen immer als etwas Unangenehmes, Energieraubendes empfunden. Und eines ist vielen Konfliktgesprächen gemeinsam: Die oder der andere ist schuld an der Situation oder trägt zumindest den Löwenanteil der Schuld. Somit ist das häufigste Einstiegsziel der Konfliktparteien, die oder den andere(n) zu ändern oder von der eigenen Sichtweise zu überzeugen.

In der systemisch lösungsorientierten Konfliktarbeit denken wir aber nicht in Kategorien wie „Schuld“ oder „Richtig und Falsch“. Alle Konflikte sind eine Verflechtung von Gegebenheiten im System (Büro, Familie, Organisation) und Verhaltensweisen, die wiederum andere Situationen und Verhaltensweisen bedingen. Es ist zumeist nicht möglich, eine kausale Zuschreibung zu finden, wir müssen zirkulär denken. Dem lösungsorientierten Arbeiten entspricht die Denkrichtung: „Was können wir tun, dass es in Zukunft nicht mehr zum Konflikt kommt?“ oder „Was können wir tun, damit Sie die Situation nicht mehr so belastet?“

Deshalb muss auch das Konfliktziel gut überlegt und formuliert werden. Was können wir im Konfliktgespräch realistisch leisten?

Somit ergibt sich für das Konfliktmanagement die Vorgangsweise, eher das eigene Verhalten im Konfliktfall zu reflektieren und zu überlegen, was man daran ändern könnte, um dann auch eine andere Reaktion des Konfliktpartners oder der Konfliktpartnerin zu erhalten.

Oft ist es auch hilfreich, den Konflikt aus einer anderen Perspektive zu betrachten, zum Beispiel aus der Position des Konfliktgegners oder der Gegnerin.

Leider ist in manchen Konfliktsituationen keine direkte Lösung der Situation möglich. Man kann z. B. den Kollegen nicht kündigen oder kann die Firma nicht verlassen, da man für die Familie und den Kredit aufkommen muss. In diesen Situationen ist es aber immer noch möglich, an der eigenen Einstellung zu den Dingen zu arbeiten: „Was kann ich tun, um die Situation bestmöglich auszuhalten?“ oder „Was kann ich unternehmen, damit es nicht noch schlimmer wird?“

In unseren Seminaren und Workshops zeigt sich, dass die Teilnehmenden - neben grundlegenden Informationen zum Thema Konflikt - besonders Tipps und Werkzeuge interessieren, die man in der Praxis schnell und einfach anwenden kann. In Konfliktsituationen brauchen wir Antworten auf Fragen wie: Wie steige ich in ein unangenehmes Gespräch ein? Wie sage ich jemanden etwas Unangenehmes? Was mache ich, wenn mein Ärger so groß wird, dass ich nicht mehr konstruktiv bleiben kann? Hier eine einzige gute Empfehlung abzugeben ist nicht einfach.

In diesem Kapitel finden Sie kurz und kompakt zusammengefasste Tipps und Werkzeuge, die sich in unserer Konfliktpraxis sehr gut bewährt haben und die Sie ganz leicht anwenden können.

Tipps

Zurück aufs Steinzeitniveau! 5 Tipps, um das zu verhindern

Konflikte beeinträchtigen unsere psychischen Funktionen. Die Wahrnehmung wird selektiv und einseitig, unser Denken eingeschränkt und starr. Das Verhalten kennt nur mehr Angriff, Flucht oder Erstarrung. Diese Muster stammen aus bereits zurückgelegten Entwicklungsstufen. 5 Maßnahmen können dagegen helfen.

Schieben Sie das Konfliktgespräch nicht auf die lange Bank

Schwierige Themen anzusprechen ist unangenehm. Trotzdem sollten Sie Konfliktgespräche nicht vor sich herschieben. Mit jedem Tag wird es schwieriger, die Sache endlich anzugehen.

Legen Sie den Fokus auf eigene Bedürfnisse und nicht auf das (Fehl)Verhalten des anderen

Im Kern geht es bei jedem Konflikt um das Gleiche: unbefriedigte Bedürfnisse. Fragen Sie sich, welches Bedürfnis hinter Ihrem Konflikt steckt.

Verwenden Sie ICH-Botschaften

Spiegeln Sie dem Konfliktpartner oder der Konfliktpartnerin, was Handlungen oder Aussagen bei Ihnen selbst bewirken und warum das so ist. Dies regt andere zur Reflexion ihres Verhaltens an und hilft auch, aus dem Teufelskreis auszubrechen.

3 Teile der Ich-Botschaft:

1. Beschreiben des störenden Verhaltens/Problems

2. Wie wirkt sich das Problem auf mich aus?

3. Welches Gefühl löst es bei mir aus?

Reagieren Sie auf Angriffe und Aktionen nicht sofort

Der einzige Weg, die Steinzeitreaktion zu durchbrechen besteht darin, die Selbststeuerung über das Ich zu stärken. Ziehen Sie sich aus der Konfliktsituation (gedanklich) für eine gewisse Zeit zurück. So gewinnen Sie die Handlungsmacht zurück und kommen vom Reagieren zurück ins Agieren.

Formulieren Sie gemeinsam eine unerwünschte Zukunft

Stellen Sie sich folgende Fragen:

1. Wo stehen wir in Wochen/Monaten, wenn wir genauso weitermachen?

2. Wie geht es uns mit dieser Vorstellung?

3. Was können wir tun, wenn wir nicht wollen, dass dieses Szenario Wirklichkeit wird?

Professionelle Fragetechnik

Fragen sind – nach Ihrer Einstellung (dem Mindset) – das wichtigste Arbeitsinstrument in der professionellen Gesprächsführung. Hier möchte ich Ihnen äußerst effektive Fragetypen vorstellen.

Problemorientierte Fragen

Diese Fragen-Kategorie können Sie nutzen, um die Ist-Situation genauer zu erkunden. Beispiele sind:

- „Seit wann besteht das Problem?“
- „Wer ist am Problem und dessen Entstehung beteiligt?“
- „Wie geht es Ihnen in der aktuellen Situation?“

Auch die Frage „Was haben Sie schon unternommen?“ kann zu dieser Rubrik zählen. Denn die Antwort auf diese Frage beinhaltet oft alle bereits gescheiterten Versuche. Zusammengefasst beinhaltet diese Fragekategorie alle Fragen rund um die Thematik des Problems.

Problemorientierte Fragen sollten Sie sparsam einsetzen. Denn Sie können zu einer Problem-Trance bei anderen führen, aus der sie sich nur schwer lösen können. Sie aktivieren hiermit bei anderen Menschen vor allem Gedanken und (Hilflosigkeits-)Gefühle rund um die negativ erlebte Situation. Das erschwert das Finden neuer Lösungsansätze. Wer ein Problem lösen möchte, muss einen anderen geistigen Raum betreten.

Ressourcenorientierte Fragen

Diese Kategorie Fragen lenkt den Blick auf die Stärken von Menschen und die Dinge, die beim Bewältigen der Herausforderung hilfreich sein könnten. Beispiele sind

- „Was oder wer könnte Ihnen in dieser Angelegenheit behilflich sein?“,
- „Was könnten Sie tun, damit das Problem besser wird?“

Auch Fragen nach Ausnahmen zählen zu dieser Rubrik, etwa: „Beschreiben Sie eine Situation, in der das Problem nicht auftrat und was in dieser anders war?“ Oder: „...was Sie in dieser Situation anders gemacht haben?“ Hilfreich beim Suchen von Ressourcen für eine Lösung können auch Fragen sein wie: „Was unternahmen Sie bisher, damit das Problem nicht größer wurde?“

Ressourcenorientierte Fragen sollten Sie insbesondere dann nutzen, wenn Sie die Kompetenz von Menschen, „Probleme“ eigenständig zu analysieren und Problemlösungen für sie zu entwerfen, fördern möchten. Dann können sie andere mit diesem Fragetyp dazu stimulieren, zunächst selbst intensiv und aktiv nach einer möglichen Lösung des Problems zu suchen – bevor Sie eventuell Ihre eigenen Lösungsideen in das Gespräch einfließen lassen.

Ziel- bzw. Lösungsorientierte Fragen

Zielorientierte Fragen sind zukunftsorientiert – die Antworten sind mit einer Zeit verbunden, in der Probleme keine Probleme mehr sind. Der Fokus der Aufmerksamkeit wird auf eine mögliche erwünschte Zukunft gerichtet. Ihre Fragen, die den Gesprächspartner oder die Gesprächspartnerin zum Formulieren einer möglichen besseren Zukunft ermuntern, können ihm bzw. ihr kleine, wertvolle Schritte in Richtung des Erwünschten zeigen.

Hier können Sie die klassischen Zielfragen stellen, wie z.B.: „Was genau wollen Sie erreichen?“ „Wie sollte eine Lösung für Sie aussehen?“ „Bis wann sollte sich hier etwas ändern?“. In der Konfliktarbeit stellen wir aber auch Fragen wie: „Woran werden Sie merken, dass sich etwas in die richtige Richtung bewegt?“ Oder: „Wer außer uns wird noch merken, dass sich in Bezug auf unsere Kommunikation etwas verändert?“ Und: „Wie wird das erreichte Ziel unsere Arbeit verändern?“

Vor ihrem inneren Auge sehen die Konfliktparteien durch diese Fragen ausgelöste Bilder, wie die Zukunft aussehen könnte. Sie spüren, wie es sich anfühlt, Erfolg zu haben und erkennen möglicherweise Perspektiven. Ebenso lassen sich Ressourcen oder Hindernisse erkennen. Findet sich eine Lösung für das Problem, ändern sich automatisch manche Parameter, die wiederum unerwartete Entwicklungen auslösen.

Um einen Wechsel der Denkrichtung – vom Problem hin zum Ziel - zu erreichen, ist das einfache Wort „stattdessen“ sehr hilfreich: Konfliktpartner und Partnerinnen wissen meist sehr genau, was sie nicht mehr haben wollen. Aber was sie stattdessen möchten, ist ihnen meist nicht wirklich bewusst. Die folgende kleine Frage löst deshalb einen durchaus schwierigen Prozess aus. „Was will ich eigentlich wirklich? Was ist mein Wunschziel?“

Skalierungsfragen

Skalierungsfragen sind ein Instrument, um Empfindungen und Gefühle wie Erfolg oder Misserfolg, Freude oder Frustration zu bewerten. Nicht nur der Fragende können sich hiermit ein Bild über die Stärke des Empfindens des Gesprächspartners machen, auch Befragte selbst bekommen hierdurch einen anderen Blick auf ihre Lage.

In Zielvereinbarungsgesprächen oder Konfliktmoderationen kann beispielsweise eine Skala von 0 bis 10 hilfreich sein. Dabei stellt die Null die minimale und die Zehn die maximale Ausprägung eines Gefühls dar. Soll zum Beispiel die Zufriedenheit mit dem derzeitigen Verlauf eines Projekts eingeschätzt werden, bedeutet der Wert 0 „absolut unzufrieden", und der Wert 10 „absolut zufrieden". Und mit Hilfe der Skalierungsfrage „Wie würden Sie auf einer Skala von 0 bis 10 Ihre aktuelle Zufriedenheit mit dem Projektverlauf einschätzen?" kann der Mitarbeiter oder die Mitarbeiterin eine entsprechende Einschätzung vornehmen.

Mit Skalierungsfragen können auch Veränderungen und Erfolgswahrscheinlichkeiten erfasst werden; zudem können sie zum Planen der nächsten Schritt genutzt werden Beispiele für solche Fragen sind:

- „Auf einer Skala von 0 bis 10 ausgedrückt, wie hat sich das Klima im Projektteam seit unserem letzten Treffen verändert?" (Veränderung)

- „Für wie wahrscheinlich halten Sie es, dass sich das Arbeitsklima durch die neue Aufgabenverteilung von 4 auf 6 verbessert?" (Erfolgswahrscheinlichkeit).

- „Wenn Sie heute die Kooperation im Team bei 4 einstufen, was müsste geschehen, um auf 6 zu kommen?" (Maßnahmenplanung)

Sie sollten bei der Arbeit mit Skalierungsfragen immer auf kleine Unterschiede achten. Gerade diese kleinen, umsetzbaren Schritte wirken motivierend.

Dissoziierende Fragen

Dissoziieren heißt, vom Problem Abstand nehmen – also dieses zum Beispiel aus der Vogelperspektive zu betrachten. Dissoziierende Fragen sind zum Beispiel:

- „Was meint Ihr Kollege in der Fachabteilung ….' zu Ihrem Problem?"

- „Was würde Ihnen Ihr Kunde "XY" in dieser Situation raten?“

Wenn Menschen aus einer Außenperspektive auf ihr Problem blicken, sehen sie oft neue Aspekte und entdecken alternative Lösungsansätze. Denn die neuen Informationen bringen neue Sichtweisen hervor und setzen wertvolle Denkprozesse in Gang.

Menschen wissen oft nicht, wie viel sie wissen. Dissoziierende Fragen sind eine Methode, um das verborgene Wissen anzuzapfen und versteckte Ressourcen zu entdecken. Sie können auch fragen: „Wenn Sie an meiner Stelle wären, welche Fragen würde Sie dann stellen?“

Hypothetische Fragen

Wenn es in Gesprächen zu einem Stillstand kommt und der Gesprächspartner oder die Gesprächspartnerin keine Lösungsmöglichkeiten sieht, können hypothetische Fragen helfen. Zum Beispiel: „Angenommen, das Problem wäre gelöst, was hätten Sie dann wahrscheinlich getan?“ „Und wie würden sich Ihre Kollegen dann verhalten?“ „Was wäre dann anders?“

Hypothetische Fragen bieten anderen ein Lösungsszenario an, das erlebt werden kann, indem es beschrieben wird. So zum Beispiel bei der Frage: „Angenommen, das Projekt verliefe ideal? Woran würden Sie das merken? Wie sähe dann die Zusammenarbeit im Team aus? Wie wäre die Beziehung zu Ihren internen Kunden?

Aus den Antworten können Schritte zum Erreichen des Ziels abgeleitet werden. Hypothetische Fragen haben den positiven Effekt, dass man diese Schritte ausprobiert und testet, ob sie überhaupt erstrebenswert und durchführbar sind.

Paradoxe Fragen

„Paradox“ bedeutet widersprüchlich. Paradoxe Fragen sind provokative Fragen, die auf ein Verstärken des Problems abzielen. „Was müssten Sie tun, um das Projekt endgültig an die Wand zu fahren?“ „Was, damit der Vorstand Sie von Ihrem Job entbindet?“ Diese Fragetechnik eignet sich besonders bei Menschen, die in ihren Problemen sehr gefangen sind. Paradoxe Fragen wie zum Beispiel „Wie könnten Sie erreichen, dass Sie ein Burn-out erleiden?“ reizen und lösen dadurch oft erhellende Reaktionen aus.

Zuweilen empfiehlt es sich, paradoxe Fragen anzukündigen, damit andere sich darauf einlassen – zum Beispiel mit folgenden Worten: „Mir fällt gerade eine Frage ein, die Ihnen vielleicht verrückt erscheint“.

Fragetechnik ist ein hilfreiches Tool im „Kommunikations-Werkzeugkoffer“. Es lohnt sich, den gezielten Einsatz zu beherrschen, um in Konfliktsituationen hilfreiche Lösungen zu erarbeiten.

Die effektivsten Fragen im Konfliktgespräch

Konfliktgespräche sind für viele von uns unangenehm, deshalb drücken wir uns gerne davor. Ein zentraler Punkt dabei ist die Tatsache, dass viele nicht wissen, was sie in einem Konfliktgespräch sagen bzw. fragen sollen. Im vorigen Artikel haben Sie einen Überblick über effektive Fragetypen bekommen. Hier nun ein paar Highlight- Fragen für Konfliktgespräche:

- Wie groß ist Ihr Vertrauen auf einer Skala von 0 bis 10, dass der Konflikt lösbar ist?
- Worüber müssen wir sprechen, um sicherzugehen, dass wir über den wirklichen Konflikt reden und nicht über Nebensächliches?
- Welche ersten Anzeichen würden Ihnen zeigen, dass der Konflikt möglicherweise lösbar ist?
- Woran würden Sie bei unserer Zusammenarbeit als erstes merken, dass der Konflikt dabei ist, schwächer zu werden?
- Welchen Schritt zur Konfliktlösung erhoffen Sie sich von mir?
- Inwiefern würde dieser Schritt zu einer akzeptablen Situation beitragen?
- Inwiefern würde dieser Schritt Sie dazu bewegen, auch selbst auf eine Lösung hinzuarbeiten?
- Woran können andere Menschen jetzt schon sehen, dass wir wirklich in eine Lösung investieren?

Diese Fragen können wir uns vor dem Konfliktgespräch auch selber stellen. So gehen wir mit mehr Klarheit in das Gespräch.

Mit 5 einfachen Tipps zum perfekten Gesprächspartner werden

In unserer Alltagskommunikation achten wir sehr darauf, was wir sagen, wie wir es sagen oder wann wir etwas sagen. Auf das Zuhören vergessen wir dann ganz schnell einmal. Viele Menschen wollen als aktiver Macher bzw. Macherin wahrgenommen werden und ihren Standpunkt klar machen. Deshalb setzen sie eher aufs Sprechen als aufs Zuhören. Zuhören wird leider oft mit Passivität und Unterwürfigkeit gleichgesetzt.

Oder es gibt vieles, das uns dabei ablenkt, wenn wir eigentlich zuhören sollten. Zum Beispiel konzentrieren wir uns auf uns selbst und suchen bereits nach Gegenargumenten oder sind mit eigenen Problemen gedanklich beschäftigt.

Manchmal passiert es, dass wir uns nur schwer auf den Gesprächspartner einlassen können, weil uns stattdessen Kleinigkeiten ablenken. Das können ständige Wortwiederholungen oder Ähms sein. Was auch immer der Grund dafür ist, das Nicht-Zuhören stört viele Menschen an ihrem Gegenüber.

Aktives Zuhören heißt hier das Zauberwort. Diese Kompetenz kann man trainieren.

Hier 5 einfache Tipps fürs Aktive Zuhören:

1. Lassen Sie Ihre Gesprächspartner und -partnerinnen ausreden!
   Viele fallen anderen ins Wort, weil sie gewohnt sind, schnell zu handeln und Lösungen zu präsentieren. Leider hinterlässt dieses Verhalten beim Gegenüber oft das Gefühl, dass solche Personen gar kein echtes Interesse an deren Anliegen haben.

2. Versetzen Sie sich in die Situation der anderen Seite!
   Lassen Sie sich auf diese ein und versuchen sie, deren Perspektive einzunehmen.

3. Stellen Sie Fragen!
   Gutes Zuhören beinhaltet auch das Fragenstellen. "Können Sie mir dafür ein Beispiel bringen?" "Wie sind Sie früher mit ähnlichen Situationen umgegangen?" etc. Mit Fragen zeigen Sie anderen, dass Sie wirklich daran interessiert sind, deren Anliegen zu verstehen.

4. Fassen Sie das Gesagte kurz zusammen.
   In Gesprächen entstehen schnell Missverständnisse, weil wir glauben zu wissen, was der andere meint. Um Fehler in der Kommunikation zu vermeiden, sollten Sie das Gesagte immer wieder einmal kurz in Ihren eigenen Worten wiedergeben und dann

fragen, ob Sie es richtig zusammengefasst haben.
So hat Ihr Gesprächspartner und Gesprächspartnerin Gelegenheit, etwaige falsch verstandene Informationen richtig zu stellen. Wenn Sie alles richtig zusammengefasst haben, wirkt das motivierend, weil Ihr Vis á Vis merkt, dass Sie verstanden haben, worum es geht.

5. Nehmen Sie Kritik an!
Wenn Menschen Kritik äußern, blocken Sie nicht sofort ab oder rechtfertigen Sie sich nicht gleich. Feedback - ob positiv oder negativ - kann eine wertvolle Lernressource für Sie sein.

Die Kunst des Feedback-Gebens

Unsere Feedbackkultur ist verbesserungswürdig. Vor allem der Aspekt, wie präzise wir Feedback geben. „Du bist so chaotisch. Das muss sich ändern!" „Sie können doch nicht so unfreundlich mit den Kunden umgehen!" Und was versteht der Sender oder die Senderin dieser Nachricht jetzt unter „chaotisch"? Den unaufgeräumten Schreibtisch, das ständige Suchen von Unterlagen, das Zuspätkommen bei manchen Meetings, das Nicht-Zum-Punkt-Kommen bei Erzählungen, alles zusammen? Was genau wurde als "unfreundlich" beim Kunden erlebt? Die Begrüßung, eine spezielle Wortwahl, einen speziellen Tonfall, den fehlenden Blickkontakt, die Tatsache, dass man ein Telefonat während der Beratung angenommen hat, etc. Wenn wir Feedback als wichtiges Instrument für Lernprozesse verstehen, dann MÜSSEN wir präzise formulieren.

Die Urteilstreppe

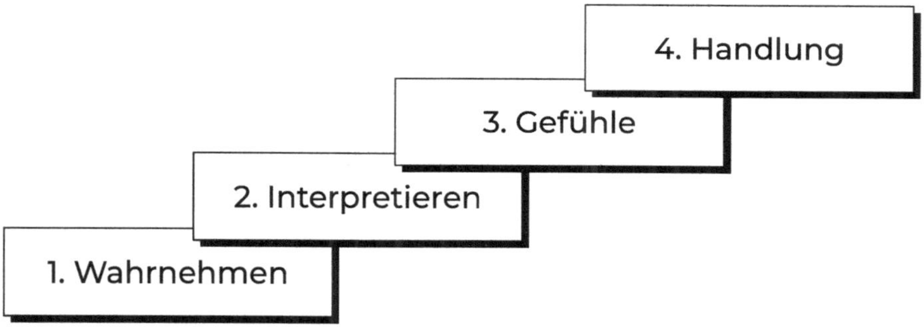

Wahrnehmen bedeutet etwas sehen (zB: einen Blick, einen Handschlag) oder hören („Guten Tag!").

Interpretieren heißt, das Wahrgenommene mit einer Bedeutung zu versehen (zB den Blick als abfällig zu deuten, oder das „Guten Tag" als freundliche Begrüßung).

Fühlen heißt, auf das Wahrgenommene und Interpretierte mit einem eigenen Gefühl zu antworten. Hier entscheidet wieder die eigene Persönlichkeitsstruktur und Befindlichkeit, welches Gefühl ausgelöst wird (zB: Wut angesichts des "abfälligen Blicks"). Dieses Gefühl unterliegt nicht der Beurteilung richtig oder falsch, sondern ist eine Tatsache.

Der Prozess der Wahrnehmung und Interpretation läuft automatisch ab, wir trennen nicht mehr bewusst zwischen dem, was wir wahrgenommen haben und dem, was wir interpretieren. Und genau hier liegt die Gefahr. Informationen werden höchst subjektiv und individuell gefiltert.

Eine besondere Herausforderung in schwierigen Gesprächen ist es daher, Situationen zu beobachten, ohne sie gleich zu bewerten!

Achten Sie bei Ihrem Feedback darauf, dass Sie eine Trennung von Wahrnehmung und Interpretation vornehmen. Sprechen Sie konkrete Verhaltensweisen und deren Wirkung auf Sie an. Denn nur so weiß Ihr Gesprächspartner oder Ihre Gesprächspartnerin, was er/sie ändern oder beibehalten soll.

Mit Ärger positiv umgehen

Nicht immer sind unsere Arbeitstage eitel Wonne. Wir sind Menschen mit Gefühlen und dazu gehört auch Ärger. Vielleicht hat gerade die EDV wieder nicht funktioniert? Ein Kollege hat seine Versprechungen nicht eingehalten? Oder eine Kundin nervt und stellt zum 5. Mal dieselbe Frage? Und schon ist Ärger spürbar.

Ihr eigenes Wohlbefinden und Ihre Leistungsfähigkeit am Arbeitsplatz hängen einerseits mit der Konfliktkultur in Ihrem Unternehmen zusammen. Dürfen Sie Unmut offen ansprechen? Wie gehen Kollegen, Kolleginnen und Vorgesetzte mit Konflikten um? Andererseits sind Sie selbst aber auch ein wesentlicher Faktor. Wie verhalten Sie sich, wenn Sie verärgert sind?! Mit unserer Einstellung und Kommunikation können wir Ärger für positive Veränderungen im Team nutzen. Beachten Sie dazu folgende Punkte:

1. Ärgern erlaubt!

Ja, ärgern Sie sich ruhig. Um dann wieder runterzukommen, hilft oft ein Glas Wasser oder ein Kaffee. Aber auch Bewegung aktiviert und hilft beim Spannungsabbau. Vielleicht haben Sie einen Weg im Büro zu erledigen, dann ist jetzt ein günstiger Zeitpunkt.

2. Checken Sie Ihre Bedürfnisse

Ärger bedeutet, dass eines Ihrer Bedürfnisse nicht erfüllt wurde. Vielleicht das Bedürfnis nach „Verbindlichkeit“ (ein Versprechen wurde nicht eingehalten) oder „Erholung“ (Sie müssen wieder Überstunden machen).

3. Sehen Sie im Ärgern eine Chance

Sie können sich jetzt weiter ärgern, in Selbstmitleid verfallen oder alles herunterschlucken. Als Alternative könnten Sie diesen Konflikt aber auch als Chance für eine positive Veränderung verstehen. Sie können zB die Zusammenarbeit neu gestalten.

4. Äußern Sie einen konkreten Wunsch

Es reicht nicht, wenn Sie wissen, wie es anders laufen sollte. Sie müssen Ihre Ideen auch äußern. Formulieren Sie einen Wunsch bzw. eine Bitte. Aber Achtung: Eine Forderung ist keine Bitte und wird meist mit Ablehnung beantwortet.

5. Blicken Sie auf die Lösung, nicht das Problem

Sehen Sie nach vorne. Der Blick in die Zukunft ist auf eine Lösung fokussiert. Was stört Sie an der Zusammenarbeit? Wie sollte es anders sein? Andere ändern zu wollen, funktioniert nicht. Nur Sie selbst können einen ersten Schritt machen. Indem Sie zum Beispiel konkretere Aussagen darüber machen, was Sie sich wünschen, werden Sie eine positive Veränderung erleben.

Tipps zur Emotionskontrolle in schwierigen Gesprächssituationen

Wer zu heftige Emotionen zeigt (Schreien, Weinen, etc.) wirkt schnell überfordert – als würde er durch die Situation beherrscht, anstatt sie zu beherrschen. Souveränität ist im Berufsleben aber ein wichtiger Wert.

Man erwartet von Menschen, dass sie sich selbst steuern können. Man verlangt im Berufsleben, dass Sie angemessen Gefühle ausdrücken können, je nachdem, in welcher Rolle Sie sich gerade befinden, ob Sie etwa mit Kunden, Kolleginnen oder der Konzernchefin zu tun haben. Das ist eine Frage der emotionalen Intelligenz.

Aber um Missverständnissen vorzubeugen: Das heißt nicht, dass man keine Gefühle zeigen darf.

Hier ein paar Tipps, um Ihre Emotionen abzukühlen:

- **Kurze Auszeit**
  (aus dem Zimmer gehen, Wasser trinken, Füße vertreten, frische Luft, etc.) „Lassen Sie uns eine kurze Kaffeepause einlegen, um unsere Gedanken sortieren zu können.“

- **Innerlich distanzieren:**
  Der Gedanke: "Das ist nur Arbeit" oder Techniken wie "Sich ins Weltall beamen und auf die Erde hinunterschauen". So merken Sie, wie unwichtig und klein manche Dinge sind, die uns im Hier und Jetzt riesig erscheinen.
  Oder wie es der deutsche Liedermacher Reinhard Mey so schön besungen hat:

  Über den Wolken(...)
  Würde was uns groß und wichtig erscheint
  plötzlich nichtig und klein

  Sie können auch "Aus der Zukunft auf die Situation zurückschauen“ oder "Die Uhr um 10 Jahre nach vor stellen" und zurückschauen: Werden Sie sich dann überhaupt noch an diese Situation erinnern?

- **In den anderen hineinversetzen**
  Mancher Ärger relativiert sich, wenn man überlegt, warum andere gerade so handeln. Zum Beispiel bei einer Reklamation: Würde es Ihnen als Kundschaft genauso gehen?

- **Gute Vorbereitung**,
  um auf der sachlichen Ebene bleiben zu können.
  Wir neigen dazu, ins Persönliche abzudriften, wenn uns die Sachargumente ausgehen. Gute Vorbereitung ist aber auch im Hinblick auf mögliche Angriffe wichtig. Gegenargumente parat zu haben hilft, in der Situation ruhig bleiben zu können.

- **Klare Aussagen machen und zu seinen Gefühlen stehen** – aber in angemessener Form, zB
  „Ich merke, dass ich jetzt ärgerlich werde. Die Art und Weise, wie Sie Ihre Wortmeldung gerade vorgebracht haben, gefällt mir nicht."

- **Konkretisieren**
  „Wie meinen Sie das genau?", „Was genau veranlasst Sie dazu, dass…"

- **Tief durchatmen** und eventuell innerlich bis 10 zählen

- **Gespräch vertagen**

- **Eigener Perspektivenwechsel**
  Dinge mit Humor betrachten – „Sich wundern, anstatt sich zu ärgern!"
  Meinungen einfach akzeptieren: Anstatt die andere Meinung als Konfrontation und Ablehnung unserer Person wahrzunehmen, können wir den Einwand einfach als andere Meinung akzeptieren und gelten lassen - nicht „entweder… oder…" denken, sondern „so… und so…".

Was aber tun, wenn andere zu aggressivem Verhalten, wie zum Beispiel Schreien oder Toben, neigen?

Manche Menschen stehen derart unter Druck, dass sie ein Ventil benötigen. In erster Linie geht es vielfach darum, dass ihre Emotionen anerkannt werden.

Sinnvoll ist hier, Druck aus der Situation zu nehmen. Das schaffen Sie, indem Sie die Situation verbalisieren: "*Herr Meyer, Sie sind jetzt aber mächtig wütend.*"

In der Regel wird wird Ihr Gegenüber so etwas erwidern wie: "Jaaaaa, weil der Kollege XY wieder mal nur Mist gemacht hat." Allein mit dieser Antwort ist der erste Druck raus. Jetzt ist die Chance da, gemeinsam eine Lösung für die Situation zu finden.

Sollte es sich um Angriffe unter der Gürtellinie handeln, ist es wichtig, klare

Grenzen aufzuzeigen: *„Ich möchte mich in einer konstruktiven Art und Weise unterhalten" oder „Bitte äußern Sie Ihre Kritik sachlich" oder „Ich höre mir gerne Ihr konkretes Feedback an. Bitte bleiben Sie dabei aber sachlich."*

Tipps für eine kollegiale Konfliktberatung

Konflikte werden gerne mit Freundinnen und Freunden besprochen. Das bringt emotionale Erleichterung und im Idealfall auch neue Perspektiven oder Handlungsoptionen. Als Freund bzw. Freundin stehen wir dabei vor der Herausforderung, nur EINE Konfliktpartei vor uns zu haben. Wie können wir konstruktiv nur mit einer Konfliktpartei arbeiten?

1. Gesprächsziel gut überlegen

Eine der häufigsten Annahmen in einem Konflikt ist: „Der oder die andere(n) sind schuld!"

Somit ist das gewünschte Einstiegsziel des Gesprächspartners oft, den anderen zu ändern. Was können wir aber realistisch leisten? „Den anderen verändern" ist kein realistisches Ziel. Dem lösungsorientierten Arbeiten entspricht die Denkrichtung: „Was kannst Du tun, dass es in Zukunft nicht mehr zum Konflikt kommt?" Oder: „Was kannst Du tun, damit Dich die Situation nicht mehr so belastet?"

Finden Sie gemeinsam heraus, worum es wirklich geht: Was genau stört Ihren Gesprächspartner, Ihre Gesprächspartnerin? Welche Veränderung hätte er/ sie gerne?

2. Perspektivenwechsel vornehmen lassen

Hier kann es Ihnen im Gespräch passieren, dass Ihr Vis-a-Vis ausweicht und lieber über die belastende Situation und Schuld der anderen lamentiert. Nun ist es Ihre Aufgabe, die Person sanft wieder in Richtung Lösungsarbeit zu bewegen. Am besten, indem Sie ihre Situation wertschätzen und sie dann wieder auf eine Lösung hin orientieren.

3. Keine Ratschläge als Freund bzw. Freundin geben

Die Konfliktlösung muss zur jeweiligen Person und zu ihrer Situation passen und nicht zu Ihnen. Und bedenken Sie: Es gibt mehr als eine Lösungsmöglichkeit. Sie können mit dem Gesprächspartner bzw. der -partnerin alle Lösungsmöglichkeiten auflisten, die Ihnen beiden einfallen.

4. An der Einstellung dazu arbeiten

Leider ist in manchen Konflikten keine direkte Lösung der Situation möglich. Man kann z.B. die Kollegin nicht kündigen oder kann die Firma nicht verlassen, da man für die Familie und den Kredit aufkommen muss. Dann ist es aber immer noch möglich, an einer Lösung zweiter Ordnung zu arbeiten – nämlich an meiner Einstellung zu den Dingen: „Was kann ich tun, um die Situation bestmöglich auszuhalten?" Oder: „Was kann ich unternehmen, damit es nicht noch schlimmer wird?" Wir begeben uns mit dem Gesprächspartner oder der Gesprächspartnerin also auf die Suche nach Ressourcen, die hilfreich sein könnten.

Werkzeuge

Konfliktanalyse

Inhalt: Konfliktanalyse-Anleitung

Ziel: Orientierungshilfe, um zu erkennen, ob ich einen Konflikt aktiv bearbeiten möchte

Zu Beginn einer Konfliktklärung steht zumeist die eigene Überlegung, ob es sich überhaupt lohnt, in ein Konfliktgespräch zu gehen. Die nachfolgende Übung dient Ihnen als Orientierungshilfe dafür.

Zeichnen Sie auf ein Blatt Papier folgendes Schema und überlegen Sie sich alle 4 Punkte.

	KOSTEN kurzfristig/langfristig	NUTZEN kurzfristig/langfristig
weiter wie bisher		
weiter mit Veränderung		

Am besten notieren Sie Ihre Gedanken auch in den dafür vorgesehenen Feldern. So können Sie zu einem späteren Zeitpunkt nochmals nachsehen und Ergänzungen vornehmen.

Hilfreiche Fragen für Ihre Analyse:

- Was verliere ich, wenn ich den Konflikt austrage? Was kurzfristig, was langfristig?
- Was gewinne ich, wenn ich den Konflikt austrage? Was kurzfristig, was langfristig?
- Welche Herausforderungen könnte es bei einer Konfliktlösung geben?
- Was ist mein Anteil am Konflikt?
- Auf welche Ressourcen kann ich zurückgreifen?
- Woran werde ich bemerken, dass sich etwas in die richtige Richtung bewegt?

Other People's Views / Perspektive wechseln

Inhalt: Anleitung eines Perspektivenwechsels, um sich in die Lage des anderen zu versetzen

Ziel: Die Welt aus den Augen des Konfliktpartners sehen, um weniger Missverständnisse zu generieren und neue Lösungsmöglichkeiten zu erkennen

Im ersten Schritt überlegen Sie, wer aller an Ihrem Konflikt beteiligt ist.

- Kollege/Kollegin
- Vorgesetzte
- Betriebsrat
- Kunde/Kundin
- Ehe- oder Lebenspartner/in
- Kinder
- ...

Werden Sie so konkret wie möglich. Je genauer Sie Situation und Beteiligte erfassen können, desto besser.

Im zweiten Schritt gehen Sie die einzelnen Personen oder Personengruppen durch. Überlegen Sie, wie jede von ihnen den Konflikt sehen und beurteilen würde.

Ob die Perspektive der einzelnen Personen für die Konfliktlösung wirklich relevant ist, steht noch auf einem anderen Blatt. Hier müssen Sie in einem weiteren Schritt gewichten und bewerten.

Versuchen Sie, den Standpunkt der jeweiligen Person einzunehmen und die Auswirkungen des Konflikts von allen Seiten abzuklopfen. Damit haben Sie zwar keine Garantie, dass jemand tatsächlich so denkt. Und Sie können auch nicht in die Zukunft sehen. Das ist aber auch gar nicht der Punkt.

In dieser Übung geht es einzig darum, Ihr Bewusstsein für Perspektiven und damit verbundene Möglichkeiten zu schärfen. In dem Sie sich in die Lage von anderen versetzen, können Sie vielleicht manches besser verstehen (was Ihnen in der Emotionskontrolle hilft) und kommen möglicherweise auf Lösungen, die Sie vorab nicht sehen konnten.

Quelle: Diese Übung finden Sie in Edward de Bonos Buch „Edward de Bono's Denkschule. Zu mehr Innovation und Kreativität".

Vom bösen anderen zum eigenen Anteil

Inhalt: zwischenmenschliche Problemsituationen identifizieren, Erwartungen an die beteiligten Personen formulieren und dann die eigenen Handlungsmöglichkeiten beleuchten

Ziel: Erkennen der eigenen Handlungsoptionen durch den Wechsel der Blickrichtung

Wenn wir Problemen gegenüberstehen, neigen wir dazu, mit analytischem Blick in der Vergangenheit nach Ursachen zu suchen. Wir wollen den Grund oder Schuldigen finden und damit einen Zusammenhang zwischen Ursache und Wirkung herstellen. Wir rutschen damit leicht in die Opferrolle und schimpfen über die „bösen anderen“ oder beklagen uns über die Umstände. Wenn wir in diesem Modus an die Lösung denken, fallen uns zumeist nur Lösungen im Außen ein: Die Firma muss uns mehr Budget geben, der Partner muss sich ändern, die Regierung muss das Problem lösen etc. Mit solch einem Fokus reduzieren wir unsere Möglichkeiten unweigerlich und erkennen keinen Ausweg als jenen, dass andere sich ändern müssen.

1. Schritt

Schreiben Sie Ihr zwischenmenschliches Problem kurz nieder. Das könnte wie folgt lauten:

- „Mein Kollege beschimpft mich.“
- „Meine Mitarbeiterin zeigt kein Interesse.“
- „Mein Vorgesetzter lobt mich nie.“
  …

2. Schritt

Formulieren Sie nun Ihre Erwartungen an diesen Menschen. Was sollte er Ihrer Meinung nach in Bezug auf Sie völlig anders machen?

- „Mein Kollege soll sich um seine eigenen Angelegenheiten kümmern und mich und mein Projektteam in Ruhe lassen.“
- „Meine Mitarbeiterin soll sich ihre Arbeit selber organisieren, sich aktiv um Dinge bemühen und bei mir oder ihren Kollegen nachfragen.“
  …

3. Schritt

Nun ändern Sie bewusst die Blickrichtung – weg vom anderen, hin zu sich selbst. Formulieren Sie die Sätze um. Fordern Sie nichts, sondern beschreiben Sie eine eigene Handlung, die zum gleichen Ergebnis führen kann. Aus „Meine Mitarbeiterin zeigt kein Interesse“ kann z. B. werden: „Ich werde einen Weg finden, wie ich meine Mitarbeiterin mehr in die Arbeit einbinden kann.“ Oder aus „Mein Kollege beschimpft mich“ kann z. B. „Ich werde versuchen, mich besser von meinem Kollegen abzugrenzen“ werden.

4. Schritt

Gehen Sie nun folgende Fragen durch:

- Was verändert sich für Sie durch die neue Definition?
- Welchen Denkansatz halten Sie, mit Blick auf Ihre persönliche Entwicklung, für günstiger, und warum?
- Was genau leiten Sie daraus für Ihre persönlichen Herausforderungen ab?
- Können Sie daraus ein Ziel für sich ?

Quelle: Diese Übung finden Sie im Buch „Lösungsorientiertes Selbstcoaching. Ihren Zielen näher kommen – Schritt für Schritt.“ (Sabine Prohaska, Junfermann Verlag, 2016)

Der Nein-Sagen-Check

Inhalt: Wie gut gelingt mir das Nein-Sagen, Grenzen setzen

Ziel: Meine Grenzen klar kommunizieren

Gehen Sie folgende Aussagen durch und bewerten Sie, wie Sie sich im Moment selber sehen. Den jeweiligen Wert schreiben Sie bitte in das Kästchen nach der Aussage. Am Ende zählen Sie Ihre Punkte zusammen.

Die Aussage trifft auf mich zu:

(völlig = 4, ziemlich = 3, etwas = 2, wenig = 1, gar nicht = 0)

1.	Harmonie ist mir in zwischenmenschlichen Begegnungen wichtig	
2.	Ich kritisiere andere Menschen ungern	
3.	Es ist mir wichtig, dass sich alle in meiner Umgebung wohlfühlen	
4.	Meine Termine/Wünsche stelle ich oft zugunsten anderer Personen hinten an	
5.	Ich lege großen Wert auf die Meinungen von anderen über mich	
6.	Ich sage eher „Könnten Sie bitte...?“ statt „Bitte machen Sie...“	
7.	Bei Besprechungen und Diskussionen mache ich oft zustimmende Gesten	
8.	Ich kümmere mich gerne um Aufgaben/Anliegen von anderen	
9.	Von anderen akzeptiert zu werden, ist mir wichtig	
10.	Die Erwartungshaltung meiner Umgebung lässt mich entsprechend handeln.	
	Gesamtpunktezahl:	

Wenn Ihre Gesamtpunktezahl unter 28 liegt, dann können Sie sich ganz gut abgrenzen, Nein sagen und Konflikte ansprechen.

Wenn Ihre Gesamtpunktezahl bei 28 und mehr liegt, dann ist das Leitmotiv „Mach es allen recht! Sei gefällig!“ besonders hoch ausgeprägt. Zuerst kommen die anderen, dann erst kommen Sie. Mit dieser hohen Ausprägung des Leitmotivs fällt das Grenzen setzen besonders schwer. Ein Nein führt meist zu Schuldgefühlen oder schlechtem Gewissen. Das führt in Konfliktsituationen dazu, dass Sie nachgeben bzw. den Konflikt gar nicht ansprechen.

Um Ihr Ziel zu erreichen, ist es aber nötig, zuerst einmal an sich selbst zu denken. Es geht dabei um einen gesunden Egoismus, eine Form der Selbstachtung. Sie dürfen Nein sagen, wenn es Ihnen wichtig ist. Und Sie dürfen auf Ihre eigenen Bedürfnisse achten.

Da Nein-Sagen ein erlerntes Verhalten ist, kann es geübt werden. Allerdings sind Leitmotive sehr starke Glaubenssätze, die Sie schon Jahre begleiten und Ihren Ursprung in Ihrer Familiengeschichte haben. Die Arbeit an folgenden beiden Bereichen kann deshalb der erste Schritt für das zukünftige Gelingen des Grenzensetzens sein.

- Stärkung des eigenen Selbstbewusstseins
- Identifikation von Ängsten, die uns hindern, Nein zu sagen

Sie finden in der nachfolgenden Tabelle einige Ängste, die uns beim Ansprechen von Konflikten begleiten. In der Spalte neben den Ängsten finden Sie meine Vorschläge für positive Gedanken.

Ängste	Positiver Gedanke
Angst, dass ich den anderen verärgere oder verletze	Es könnte auch anders sein. Andere könnten meine Ausführungen verstehen und gar nicht verärgert/ verletzt sein. Ich habe das Recht, meine Bedürfnisse und Wünsche zu äußern.

Angst, die Arbeit / die Partnerin / einen Freund	Keiner weiß, was in Zukunft passieren wird. Möglicherweise übertreibe ich, denn so leicht verliert man seine Arbeit / die Partnerin / einen Freund.
Angst vor Ablehnung	Wenn mich jemand nur mag, weil ich immer zustimme, dann macht es mir auch nichts aus, wenn mich so jemand ablehnen sollte.
Angst, als egoistisch zu gelten	Ich habe das Recht, auf meine Bedürfnisse zu achten. Auch andere äußern ihre Wünsche und sind deshalb keine schlechten Menschen.

Am besten fangen Sie gleich bei alltäglichen Dingen an, das Abgrenzen zu üben. Möglichkeiten zum Üben gibt es im Alltag viele – hier ein paar Anregungen:

Jemand schenkt Ihnen ein Getränk nach, obwohl Sie davor dankend abgelehnt haben.

- „Wie ich schon gesagt habe, möchte ich nichts mehr trinken! Danke, aber ich werde das Glas nicht leertrinken."

Ihr Partner/Ihre Partnerin kostet ungefragt von Ihrem Essen.

- „Ich möchte, dass du mich künftig fragst, wenn du von meinem Teller etwas probieren möchtest!"

Sie haben in Ihrer Firma vereinbart, am Freitag etwas früher zu gehen. Dann kommt eine Kollegin und erzählt Ihnen, dass eine Freundin von ihr übers Wochenende zu Besuch kommt. Sie bittet Sie, ein wichtiges Kundengespräch von ihr am Freitag zu übernehmen, damit sie früher gehen kann, um alles für den Besuch vorzubereiten.

- „Normalerweise unterstütze ich dich gerne und würde auch deine Aufgaben übernehmen. Allerdings habe ich für heute vereinbart, eine Stunde früher zugehen. Ich möchte etwas Wichtiges erledigen, deshalb kann ich diese Aufgabe heute nicht mehr übernehmen."

Quelle: Diese Übung finden Sie im Buch „Lösungsorientiertes Selbstcoaching. Ihren Zielen näher kommen – Schritt für Schritt." (Sabine Prohaska, Junfermann Verlag, 2016)

Grenzen setzen

Inhalt: Wie setze bzw. verteidige ich Grenzen so, dass sie für andere klar und akzeptabel sind?

Ziel: Meine Grenzen klar kommunizieren

Arbeiten Sie folgende Punkte durch, um Ihre Grenze klarer zu sehen und im Bedarfsfall eindeutig kommunizieren zu können. Als Denkhilfe dient Ihnen ein Beispiel. Es geht darin um die Abgrenzung eines Mitarbeiters von seinem Chef, der ihm ein zusätzliches Projekt überantworten möchte:

1. Eigene Grenzen müssen bekannt sein: Wo liegt meine Grenze? Was will ich? Was nicht? Was lasse ich zu? Was möchte ich nicht? Was kann ich realistisch leisten?

> Beispiel: „Ich bin in der Firma mit meinen Aufgaben voll ausgelastet. Meine momentanen Kapazitäten lassen es nicht zu, ein neues, zusätzliches Projekt anzugehen. Ich habe diesbezüglich eine Aufgabenliste, die ich vorweisen kann."

2. Eigene Grenzen müssen klar und eindeutig formuliert werden (ICH-Botschaften senden). Das Formulieren meiner Grenze:

> Beispiel: „Ich bin mit meinen derzeitigen Aufgaben voll ausgelastet. Ich mache das Projekt gerne. Ich müsste dann eine andere geplante Aufgabe verschieben, streichen oder an einen Kollegen delegieren."

Folgende vier Punkte können bei der Formulierung oder später bei der „Verhandlung" der Grenzvereinbarung hilfreich sein:

1. Ein NEIN begründen und sich nicht dafür rechtfertigen

Wie begründe ich meine Grenze?

Im Beispiel wurde die Grenze mit der Auslastung der Kapazität und der vollen Aufgabenliste begründet.

2. Das NEIN mit Alternativen anbieten *(z. B. „Jetzt habe ich keine Zeit, aber übermorgen würde es gut passen"):*

Welche Alternativen kann ich anbieten?

In unserem Beispiel wurden drei Alternativen formuliert:

- bereits geplante Aufgaben verschieben
- Aufgaben streichen
- eine oder mehrere Aufgaben an Kollegen delegieren

3. Nicht sofort entscheiden, Zeit für Überlegungen nehmen

Manchmal ist einem nicht auf Anhieb klar, wo die eigenen Grenzen liegen. Eine übereilte Reaktion kann dann weitreichende Folgen haben.

In unserem Beispiel könnte die vorschnelle Übernahme des zusätzlichen Projekts z. B. die Qualität der Arbeit beeinträchtigen. Überlastung könnte auch negative Folgen für die Gesundheit des Mitarbeiters haben, usw.

Deshalb: Sagen Sie nicht gleich zu oder ab, sondern bitten Sie um Bedenkzeit. „Darf ich Ihnen morgen Bescheid geben? Ich möchte mir meine aktuelle Aufgabenliste durchsehen und in Ruhe überlegen, ob bzw. wie ich das Projekt gut übernehmen kann."

4. Konsequenzen erfragen („Wäre es sehr schlimm, wenn ich ...?")

Welche Fragen müsste ich wem stellen? Analysieren Sie das Umfeld, um Ideen für die Grenzvereinbarungen zu bekommen.

Beispiele: Kollegen fragen, ob sie eine meiner Aufgaben oder Teile der Aufgabe übernehmen könnten; den Chef oder eine betroffene Abteilung fragen, ob es schlimm wäre, wenn eine bestimmte Aufgabe bis zum Abschluss des Projekts verschoben würde, etc.

Quelle: Diese Übung finden Sie im Buch „Lösungsorientiertes Selbstcoaching. Ihren Zielen näher kommen – Schritt für Schritt." (Sabine Prohaska, Junfermann Verlag, 2016)

Checkliste für schwierige Gespräche

Inhalt: Wichtige Aspekte, die im Vorfeld eines Gesprächs reflektiert und festgelegt werden sollen

Ziel: Gespräche souverän bestehen, Klarheit, einen roten Faden festlegen

Aspekt	Teilaspekt	Vorbereitung
Sachebene	Welche Themen will ich in welcher Reihenfolge ansprechen?	
	Welche Argumente/Gründe habe ich?	
	Welche Beispiele habe ich?	
Appellebene	Was ist mein Maximal-/ Minimalziel?	
	Welche Wünsche habe ich?	
	Welche Forderungen habe ich?	
Beziehungs-ebene	Wie kann ich ein positives Klima schaffen?	
	Wie kann ich Kritik üben, ohne zu verletzen?	
	Wie sieht mein Gesprächspartner die Situation?	
Selbst-kundgabe	Wie erlebe ich die Situation?	
	Was sind meine Gefühle und Bedürfnisse?	
	Welche davon möchte ich kundtun?	

Quelle: Harald Schmid, abgeleitet vom Modell nach F.Schulz v. Thun: "Die 4 Seiten einer Nachricht".

3 Schritte für ein lösungsorientiertes Gespräch

Inhalt: kurze Anleitung für lösungsorientierte Gespräche

Ziel: durch den lösungsorientierten Gesprächsleitfaden Bewegung ins eigene Denken bringen, um nachhaltige Lösungen in Konfliktgespräche zu finden

1. Problem/ Thema kurz beschreiben

- Geben Sie dem Problem eine griffige Überschrift
- Woran ist für Sie das Problem erkennbar?
- Wie würde ein Außenstehender das Problem beschreiben?

Hier sollten Sie nicht zu lange in die Analyse gehen, um die sogenannte „Problemtrance" zu vermeiden. Es geht wirklich nur um einen kurzen Überblick.

2. Ziel bzw. passende Lösungen in den Mittelpunkt rücken

Der Fokus in der lösungsorientierten Haltung liegt in der Zukunft, beim Ziel bzw. den Lösungen.

- „Was möchten Sie erreichen?"
- „Was würde an die Stelle des Problems treten, wenn es plötzlich nicht mehr existieren würde? - Was wäre stattdessen da?"

Nicht immer werden sofort Lösungen gefunden. Die lösungsorientierte Gesprächshaltung versucht in Richtung möglicher Lösungen zu denken bzw. zu arbeiten. Oft geht es darum, wieder Bewegung in das eigene Denken/Handeln zu bekommen.

Wenn ein konkretes Ziel beschrieben wird, ist wichtig, dass es positiv beschrieben wird. Ein Hin-zu und nicht ein Weg-von. Es geht darum, sich klar zu machen, was ich anstelle dessen haben will. Zum Beispiel statt „Ich will nicht mehr arbeitslos sein", „Ich möchte einen gut bezahlten und sicheren Arbeitsplatz".

3. Die Lösung fokussieren und Umsetzungsschritte festlegen

- Wie werden Sie sich dann verhalten?
- Wie soll ich mich dann Ihrer Meinung nach verhalten?
- Was werden Sie denken?
- Wie verhalten Sie sich, sobald das Problem wieder auftritt?

Die Schritte sollten realisierbar und motivierend sein. Auf keinen Fall sollten hier zu große oder zu viele nächste Schritte überlegt werden, da das zumeist zur Demotivation führt.

Hilfreich kann dabei die Suche nach Ressourcen sein: „Wer oder was könnte mich oder uns unterstützen?"

Konflikttraining mit 5 Buchstaben – SAG ES

Inhalt: 5 Schritte, um einen Konflikt konstruktiv anzusprechen

Ziel: Merkhilfe für den Ernstfall

Jeder Buchstabe steht dabei für einen Schritt auf dem Weg zur Lösung:

Sichtweise schildern. Eigene Sichtweise. Einen Konflikt spricht man am besten an, indem man die eigene Wahrnehmung beschreibt – und zwar möglichst konkret, ohne Bewertung oder Verallgemeinerung.

Beispiel: *„Mir ist aufgefallen, dass Sie meist um 16 Uhr nach Hause gehen."*

Auswirkungen beschreiben. Anschließend ist es sinnvoll zu erklären, wie das angesprochene Verhalten wirkt und welche Beeinträchtigungen daraus entstehen.

Beispiel: *„Ich muss die Kunden dann auf den nächsten Tag vertrösten.'"*

Gefühle benennen. Um das Ausmaß des Problems deutlich zu machen, sollte man die eigenen Emotionen verbalisieren.

Beispiel: *„Für mich ist es frustrierend, den Ärger der Kunden abzubekommen."*

Erfragen, wie die andere Seite die Situation sieht. Dann gilt es, den Dialog zu eröffnen: 'Wie sehen Sie das?'

Schlussfolgerungen ziehen. Gemeinsam eine Lösung erarbeiten.

Beispiel: *„Wie könnte eine Lösung aussehen?"* oder *„Ich wünsche mir ..."* oder *„Können wir uns darauf einigen, dass Sie dreimal pro Woche bis 18 Uhr bleiben?'"*

Quelle: Thomas Schmidt in Manager Seminare 2010

Mein Drehschalter zur Beruhigung

Inhalt: Anleitung zu einer Körper-Aufmerksamkeitsübung

Ziel: Emotionskontrolle in Konfliktsituationen, spontane emotionale Entschleunigung, Reduktion von Wut/Aggression/ Angst/Unruhe…

Beschreibung:

1. Wenn Sie emotional sehr aufgewühlt sind, lenken Sie Ihre Aufmerksamkeit kurz auf den Körper (Atemfluss beobachten; die Unterlage spüren, auf der Sie sitzen oder stehen; körperliche Empfindungen in Beinen, Armen etc.).

2. Nun stellen Sie sich einen Drehschalter vor Ihrem inneren Auge vor. Mit diesem können Sie Ihre Emotionen regulieren: von 0 – ganz entspannt – bis 10 – sehr aufgeregt / ängstlich/ wütend/aggressiv.

3. Schätzen Sie ein, auf welcher Stufe Sie Ihre Emotion im Moment einstufen würden, z.B. bei 8.

4. Nun drehen Sie den Schalter vor Ihrem inneren Auge langsam auf eine niedrigere Stufe – soweit es Ihnen möglich ist.

Quelle: Diese Übung finden Sie im Buch „Coaching in der Praxis. Tipps, Übungen und Methoden für unterschiedliche Coaching-Anlässe." (Sabine Prohaska, Junfermann Verlag, 2015)

Teil 3: Fallbeispiele mit Lösungsideen

Einleitende Worte

Wer eine Reise macht, hat viel zu erzählen. Und wer seit Jahren in der internen und externen Konfliktberatung tätig ist, kann über viele Konfliktsituationen berichten. Dabei gibt es nichts, was es nicht gibt. Diese Erfahrung machen wir täglich neu. Viele unserer Erlebnisse sind jedoch für eine öffentliche Nachbetrachtung nicht geeignet. Das Risiko einer Wiedererkennung und damit ein Verstoß gegen unsere Verschwiegenheitspflichten wäre zu hoch.

Daher haben wir uns zum Abschluss unseres Konfliktratgebers Fallbeispiele ausgesucht, die wir so oder so ähnlich auch in unseren Konflikttrainings und in unserem gemeinsamen Konfliktberater-Lehrgang (siehe auch Seite 124) verwenden. Diese Beispiele stammen allesamt auch aus unserer Beratungspraxis, sind jedoch in ihrer Darstellung so verallgemeinernd, dass sich manche unserer Lesenden vielleicht denken werden: Dieser Fall könnte auch in meinem Unternehmen passiert sein.

Nicht nur die Fälle stammen aus unseren Konflikttrainings, sondern auch die damit verbundenen Fragen bzw. Aufgabenstellungen an Sie. Da wir in unseren Ausbildungen schwerpunktmäßig Führungskräfte im Umgang mit Konflikten schulen, sind die nachfolgenden Fallbeispiele auch aus der Perspektive einer Führungskraft zu lesen und die jeweils angeführten Fragestellungen zu beantworten. Falls Sie also nicht bereits ein Team führen, haben Sie nun die einmalige Chance, in diese Rolle zu schlüpfen.

Sollten Sie Konfliktberater/-beraterin oder Coach sein, können Sie unsere Beispiele gedanklich leicht adaptieren, um aus Ihrer externen und neutralen Position heraus zu überlegen, wie Sie die Konfliktparteien unterstützen würden.

„Wie gehen Sie in diesem Fall vor?“ und „Was müssen Sie in diesem Fall beachten?“ – wir laden Sie ein, sich zuerst beim jeweiligen Fallbeispiel mit diesen beiden Fragestellungen zu beschäftigen. Und erst nachdem Sie Ihre eigenen Überlegungen zur jeweiligen Ausgangssituation angestellt haben, sollten Sie diese mit unserer Sichtweise oder Empfehlung abgleichen.

Vielleicht haben Sie ähnliche Gedanken wie wir, vielleicht würden Sie ganz anders vorgehen. Beides ist denkbar, denn unserem Verständnis nach gibt es in Konfliktsituationen nicht nur eine „richtige“ Lösung. Wir schreiben daher sehr bewusst von „Sichtweisen und Empfehlungen“ und erheben nicht den Anspruch, allwissend zu sein. Allerdings haben wir mit den von uns skizzierten Lösungsansätzen in der Praxis gute Erfahrungen gemacht.

Abschließend möchten wir noch festhalten, dass die folgenden Fallbeispiele typische Konfliktmuster aufweisen, die in der Praxis so oder so ähnlich wiederholt vorkommen. Dennoch kann nicht zwingend von einem Fall auf den nächsten geschlossen werden. Die Konfliktdynamiken mögen zwar ähnlich sein, die handelnden Personen sind aber immer individuell und spezifisch. Und damit ist jeder einzelne Konfliktfall unvergleichbar und immer wieder aufs Neue zu betrachten.

In diesem Sinne – viel Spaß mit unseren Praxisfällen!

Der Mensch hat dreierlei Wege, klug zu handeln:

Nachdenken ist der edelste,

Nachahmen der einfachste,

Erfahrung der bitterste.

(Konfuzius, chinesischer Philosoph)

Gleiche Arbeitszeit für alle

Sie sind seit über 10 Jahren als Teamleitung im Kundenservice tätig und zu Ihrem Team gehören Frau Unger und Herr Mayer. In dieser Besetzung ist Ihr 3-er Team seit Jahren gut eingespielt. Sie kommen sowohl mit Frau Unger als auch mit Herrn Mayer bestens aus und schätzen beide als engagierte und verantwortungsvolle Mitarbeitende. Auch die firmeninterne Vorgabe, dass Ihr Team von 07.00 – 17.30 Uhr für Kunden erreichbar sein muss, war bis vor kurzem kein großes Thema.

Frau Unger ist Alleinerzieherin und hat eine schulpflichtige 10-jährige Tochter. Sie übernimmt daher mit Freude die „Frühschicht", damit sie sich spätestens um 15.00 Uhr wieder ihrer Tochter widmen kann. Da Herr Mayer ein Spätaufsteher ist, schätzt er den Umstand, dass sein Arbeitstag erst gegen 09.00 Uhr beginnt und daher übernimmt er seit Jahren die „Spätschicht". Für Sie selbst hat sich ein Arbeitstag von 07.30 bis 16.30 Uhr eingespielt, was Sie sehr schätzen.

Nun hat Herr Mayer letzte Woche in einer Teambesprechung angekündigt, dass er und seine Partnerin in einigen Monaten erstmals Nachwuchs erwarten. Und dass er dann ebenfalls früher zu arbeiten beginnen möchte, damit er möglichst früh wieder bei seiner Familie sein kann. Frau Unger hat sofort angemerkt, dass sie ihre Arbeitszeiten nicht ändern wird. Seitdem herrscht eisige Stimmung in Ihrem Team.

> Wie gehen Sie in diesem Fall vor?
>
> Worauf müssen Sie achten?

Unsere Sichtweise/Empfehlung:

Auch wenn diese Aufgabenstellung recht simpel klingt, kann so eine Situation ein gut eingespieltes Teamgefüge gefährden. Denn Veränderungen hat niemand gerne. Und trotzdem ist es im Beruf immer wieder notwendig, Rahmenbedingungen neu zu definieren.

Beachten Sie, auch Sie als Führungskraft auch von dieser Änderung betroffen sein werden. Das heißt, auch für Sie kann/wird es neue Arbeitszeiten geben. Wie geht es Ihnen damit? Es könnte problematisch werden, wenn Sie als Führungskraft versuchen, dieses Problem in „Ihrem" Sinne zu lösen (= Ihre angenehmen Arbeitszeiten bleiben gleich).

Sie könnten in einer gemeinsamen Teambesprechung über die zukünftige Aufteilung diskutieren. Achten Sie dabei auf eine Lösungsorientierung „Wie wollen wir es in Zukunft machen, damit alle zufrieden sind?!" Gehen Sie nicht mit dem Anspruch in dieses Gespräch, sofort eine Lösung zu finden.

Gerade wenn Abläufe seit langer Zeit eingespielt sind, brauchen alle Beteiligten Zeit, neue Anforderungen zu akzeptieren und sich gedanklich darauf einzustellen.

Vereinbaren Sie daher, falls erforderlich, Follow-Up-Meetings mit dem Ziel, eine für alle passende Lösung zu finden. Bleiben Sie offen für den Dialog, jedoch konsequent im Zeitplan und in der Ergebnisorientierung.

Sollte keine gemeinsame Lösung gefunden werden, sind Sie als Führungskraft gefordert, die neuen Arbeitszeiten anzuordnen. Seien Sie sich dann der möglichen Konsequenzen bewusst (schlechte Stimmung, Abgang im Team…)

Streit um die Sitzordnung

In Ihrer Abteilung geht es rund. Nach zwei Jahren im Ausweichquartier ist für Anfang nächsten Monats die Übersiedelung des gesamten Unternehmens in neue Büroräumlichkeiten in einem Neubau geplant. Seit ein Mitarbeiter des Facility Managements Ihrem Team in einer Besprechung die Skizze der neuen Räumlichkeiten sowie Bilder der neuen Büromöbel präsentiert hat, gibt es nur mehr eine Frage: Wer wird wo sitzen?

Für Sie als Führungskraft hat dieses Thema keine Priorität. Aufgrund der gleichartigen Tätigkeit Ihrer Mitarbeitenden ist eine bestimmte Sitzordnung nicht erforderlich, um die Prozessabläufe in Ihrer Abteilung bestmöglich zu unterstützen. Ihr Team wird ein Großraumbüro beziehen, in welchem jeder Arbeitsplatz in puncto Ausstattung gleichartig gestaltet ist. Ihr neuer Arbeitsplatz wird sich in einem angrenzenden Einzelzimmer befinden. Somit sind kurze Wege zu all Ihren Mitarbeitenden gewährleistet.

Dennoch müssen Sie sich demnächst mit dieser Thematik beschäftigen. Einerseits benötigt die IT-Abteilung bis Ende dieses Monats die zukünftige Sitzordnung, um die Computerarbeitsplätze den jeweiligen Mitarbeitenden zuordnen zu können. Und andererseits vergeht kein Tag, an dem nicht jemand aus dem Team zu Ihnen kommt, um den Wunsch nach einem bestimmten Sitzplatz zu deponieren. Da Sie dieses Verhalten zunehmend nervt, wollen Sie nun handeln.

Wie gehen Sie in diesem Fall vor?

Worauf müssen Sie achten?

Unsere Sichtweise/Empfehlung:

Bieten Sie dem Team die Möglichkeit, in Eigenverantwortung einen gemeinsamen, abgestimmten Vorschlag (ohne Führungskraft) bis zu einem bestimmten Termin vorzulegen. Diese Situation kann im Idealfall auch ohne Ihr Zutun gelöst werden.

Sollte dieser Weg nicht funktionieren, können Sie in einer Teambesprechung die Moderation des Einteilungsprozesses übernehmen. Da Sie keine bestimmten Prioritäten haben, können Sie neutral die Diskussion zwischen den Teammitgliedern begleiten. Achten Sie darauf, dass Sie wirklich in der neutralen Moderationsrolle bleiben.

Eine elegante Lösung wäre es, wenn Sie dem Team bei eigenverantwortlicher Nichteinigung die Durchführung einer Sitzplatz-Verlosung vorschlagen/ankündigen. Das hätte für Sie als Führungskraft den Vorteil, dass Sie sich aus diesem Entscheidungsprozess weiterhin rausnehmen können. Damit würden Sie sich die unvermeidlichen Schuldzuschreibungen ersparen, die eine Vorgabe Ihrerseits auslösen würde.

Diese Problemstellung als Führungskraft per Vorgabe zu lösen, ist unserer Auffassung nach nur die Ultima Ratio.

Der Witzbold

Sie sind Führungskraft und bekannt dafür, dass Sie gerne Witze erzählen. Nicht nur in der Arbeit, auch bei privaten Feiern ist das eines Ihrer Markenzeichen. Sie haben den Eindruck, dass das die Atmosphäre auflockern würde. Der Arbeitsalltag ist sowieso schon sehr stressig, deshalb möchten Sie gerne die Stimmung in Ihrer Abteilung verbessern.

Bei einer netten Unterhaltung mit einem Ihrer Mitarbeiter im Aufenthaltsraum, erzählt Ihnen dieser im Vertrauen, dass sich Frau Gründl (eine Mitarbeiterin, die seit 1½ Jahren in Ihrer Abteilung ist) schon ein paar Mal im Team über Ihre Witze beschwert hätte. Sie meinte, dass die Witze teilweise sexistisch seien und es sich für eine Führungskraft nicht gehöre, solche Witze zu erzählen. Sie fühle sich auch teilweise dadurch belästigt.

Ihr Mitarbeiter meint, dass er das überzogen finde, dass Sie es aber wissen sollten.

Sie haben im letzten halben Jahr schon den Eindruck gehabt, dass Ihnen Frau Gründl eher aus dem Weg geht und nicht mehr so freundlich und offen begegnet, wie noch vor einem Jahr.

Wie gehen Sie in diesem Fall vor?

Worauf müssen Sie achten?

Unsere Sichtweise/Empfehlung:

Was für die einen einen nur „auflockernde Sprüche" sind, können für andere Personen unpassende oder sogar entwürdigende Aussagen sein. Entscheidend ist nicht, wie etwas gemeint war, sondern wie es beim Gegenüber angekommen ist. Ganz besonders heikel sind Statements von Führungskräften, die als sexistisch wahrgenommen werden könnten.

Suchen Sie ein Einzelgespräch mit Frau Gründl. Geben Sie ihr Feedback darüber, wie Sie sie wahrnehmen (dass Sie den Eindruck haben, sie gehe ihnen aus dem Weg, etc.). Versuchen Sie in einem vertrauensvollen Gespräch herauszufinden, ob sie tatsächlich etwas stört oder ob Sie Ihr Eindruck täuscht.

Erwähnen Sie nicht die Aussagen von diesem – Frau Gründl könnte das als Vertrauensbruch des Kollegen verstehen und darauf wiederum verärgert reagieren. Letztendlich war der Hinweis Ihres Mitarbeiters für Sie nur die Bestätigung dafür, dass Sie mit Ihrer Wahrnehmung (Frau Gründl geht Ihnen aus dem Weg) richtig gelegen sind.

Ein Gespräch wäre also ohnehin nötig gewesen. Es könnte in der Vorbereitung auf dieses Gespräch für Sie sehr hilfreich sein, einen externen weiblichen Coach in Anspruch zu nehmen.

Auch wenn Frau Gründl Ihnen gegenüber die Aussage, dass sie Ihre Sprüche nicht angemessen findet, nicht wiederholt, sollten Sie darüber nachdenken, was an manchen Ihrer Sprüche oder Witze falsch verstanden werden könnte. Vielleicht ist eine Coachingstunde auch hilfreich, um über die Dosierung beim Einsatz von Humor als Führungskraft zu reflektieren.

Neue Teammitglieder, neue Teamdynamik

Sie leiten die Abteilung Kundenservice und Ihr 10-köpfiges Team stöhnt seit Jahren unter der zunehmenden Arbeitsbelastung. Nach vielen Gesprächen mit Ihrer eigenen Führungskraft ist es Ihnen vor einiger Zeit endlich gelungen, zwei zusätzliche Planstellen für Ihre Abteilung zu bekommen. Allerdings nur unter der Bedingung, dass sie dafür im Zuge eines innerbetrieblichen Wechsels zwei überzählige Mitarbeitende aus der Poststelle ins Team nehmen müssen.

Nach einem Gespräch mit den neuen Mitarbeitenden waren Sie zuversichtlich, dass es mit einer umfassenden Einschulung gelingen werde, diese ins Team und in die Abläufe zu integrieren. Einzelne Mitglieder Ihres Teams waren allerdings sehr skeptisch. Ganz besonders kritisch wurde die Neubesetzung von Frau Kaiser beurteilt. Frau Kaiser ist seit über 10 Jahren in Ihrer Abteilung und fachlich die kompetenteste Mitarbeiterin Ihres Teams. Auch in puncto Arbeitseinsatz steht sie weit über den anderen. Allerdings ist sie auch sehr launenhaft und sorgt mit ihrer direkten und spröden Art immer wieder für Unruhe im Team.

Es dauert nicht lange und Herr Bauer, eines der beiden neuen Teammitglieder, hat sich in einem persönlichen Gespräch bei Ihnen bitter über die Art und Weise, wie er und seine Kollegin von manchen im Team (insbesondere von Frau Kaiser) behandelt werden, beschwert. Auch sei die Einschulung viel zu oberflächlich. Niemand nehme sich ausreichend Zeit dafür. Er habe das Gefühl, im Team nicht akzeptiert zu werden und das setze ihn zusätzlich unter Druck. Auch das Wort „Mobbing“ wurde genannt.

Sowohl die folgenden Einzelgespräche mit Ihren Mitarbeitenden als auch ein gemeinsames, von Ihnen moderiertes Teamgespräch bleiben ohne Ergebnis. In diesen Gesprächen hatten Sie den Eindruck, dass die relevanten Themen nicht offen angesprochen wurden. Die Stimmung im Team verschlechtert sich zunehmend und sie haben Sorge, dass sich das auf die Arbeitsleistung der Abteilung auswirken wird.

Wie gehen Sie in diesem Fall vor?

Worauf müssen Sie achten?

Unsere Sichtweise/Empfehlung:

Hoher Arbeitsdruck bei gleichzeitiger Unterbesetzung und dann auch noch die Einschulung neuer Teammitglieder – dieser Mix kann ein Team an seine Grenzen bringen. Vor allem dann, wenn es informelle Leader im Team gibt (Frau Kaiser), welche hohe Ansprüche haben und wenig Toleranz zeigen.

Und je größer ein Team, desto schwieriger ist es für die Führungskraft, gegenzusteuern.

Hier kann externe Unterstützung „Licht ins Dunkel" bringen. Sie könnten eine extern begleitete Mediation anfordern. Eine neutrale Person findet oft leichter Zugang zu den handelnden Personen im Team und damit können relevante Themen transparent gemacht werden. Außerdem haben Sie als Führungskraft die Möglichkeit, sich bei einer externen Moderation mehr aufs aktive Zuhören zu konzentrieren, als wenn Sie selbst die Moderation leiten. Das könnte für Sie neue Aufschlüsse oder Sichtweisen bringen.

Unserer Erfahrung nach sind personelle Veränderungen in einem Team immer auch ein „Change Projekt". Die Karten (Aufgabenzuordnungen, informelle Hierarchien...) werden dabei neu gemischt. Als Führungskraft ist man gut beraten, in solchen Phasen im Team besonders präsent zu sein.

Der Schuss ins eigene Knie

Sie leiten den Bereich Marketing und PR in einem großen Unternehmen mit 12 Mitarbeitenden. Ihnen direkt zugeordnet sind die beiden Leiterinnen der Abteilung Marketing und der Abteilung PR. Sie arbeiten mit beiden Führungskräften schon über 5 Jahre zusammen und schätzen sowohl deren fachliche Kompetenz als auch deren engagierte Arbeitseinstellung. Beide identifizieren sich zu 100 % mit Ihrem Job und leisten mit ihren Teams großartige Arbeit.

Das haben diese auch beim letzten gemeinsamen Projekt vor einigen Monaten wieder unter Beweis gestellt. Damals musste im Zuge der Übernahme eines Mitbewerbers der Bereich Marketing und PR neu strukturiert werden. Im Auftrag des Vorstandes haben Sie die nötigen organisatorischen Änderungen in Zusammenarbeit mit Ihren beiden Führungskräften innerhalb kürzester Zeit umgesetzt.

Obwohl für Sie interne Prozessoptimierung nur ein Schlagwort ist und Sie diesem Auftrag eher ablehnend gegenüberstanden, war das Projekt aus Ihrer Sicht ein voller Erfolg. Allerdings hat sich seit damals die Chemie zwischen Ihren beiden Führungskräften deutlich verändert. Im wöchentlichen gemeinsamen Jour-fixe kommt es immer öfter zu inhaltlichen Debatten. Dabei geht es in der Regel nicht um einen gemeinsamen Lösungsansatz, viel öfter wird „das Haar in der Suppe" beim Vorschlag der anderen gesucht.

Sie haben beide Teamleiterinnen in den letzten Wochen (jeweils einzeln) mehrmals darauf angesprochen, beide haben aber sehr ausweichend reagiert und gemeint, es würde alles passen. Nachdem sich dieses destruktive Verhalten nun aber auch im letzten Bereichs-Jour-fixe im Beisein des gesamten Teams wiederholt hat, sind Sie mit Ihrem Latein am Ende.

Wie gehen Sie in diesem Fall vor? Worauf müssen Sie achten?

Unsere Sichtweise/Empfehlung:

Sehr oft geht es in einem Konflikt nicht um das, was offensichtlich ist, sondern um Irritationen und Störungen, die ganz andere Ursachen haben. So könnte es auch in diesem Fall sein. Die zunehmenden Anfeindungen zwischen den beiden Teamleiterinnen lassen einen eskalierten Beziehungskonflikt vermuten. Die Frage ist nur, wo kommt dieser nach der langjährigen, guten Zusammenarbeit her?

Die Antwort darauf (und damit die eigentliche Konfliktursache) könnte in der durchgeführten internen Prozessoptimierung zu finden sein. Unserer

Erfahrung nach bergen solche Projekte immer ein hohes Konfliktrisiko, weil es dabei auch um eine neue Zuordnung von Aufgaben und Verantwortlichkeiten geht. Wenn so ein Prozess von den Betroffenen als intransparent erlebt wird, ist das ein idealer Nährboden für Misstrauen, Abschottung und die Suche nach Sündenböcken.

Da die Bereichsleitung wenig Interesse an diesem Projekt hatte, ist davon auszugehen, dass sich diese in die Projektsteuerung wenig eingebracht hat. Darunter hat offensichtlich auch die nötige Abstimmung mit den Teamleiterinnen gelitten. Was in weiterer Folge zur Verunsicherung und zu Mutmaßungen bezüglich zukünftiger Aufgabenzuordnung geführt haben könnte. Die Vorgangsweise der Bereichsleitung ist somit auch Ursache dieses Konflikts.

Hier wird ein Blick von außen (= externe Mediation, Coaching) nötig sein, um mit der Führungskraft die festgefahrene Situation zu analysieren und mögliche Lösungsschritte abzuleiten.

Ein schwieriges Gespräch steht bevor

Sie leiten das Rechnungswesen in einem Unternehmen und der Verantwortungsbereich Ihrer 15-köpfigen Abteilung umfasst die Finanzbuchhaltung, das Controlling sowie das Berichtswesen. In diesem Team befinden sich sowohl Fachleute als auch Mitarbeitende, die überwiegend mit administrativen Tätigkeiten befasst sind.

Aufgrund der Vielzahl an neuen gesetzlichen Anforderungen in den letzten Jahren, kommt es vor allem im Bereich des Berichtswesens immer wieder zu Ressourcenengpässen und zu einer Überbelastung der dort angesiedelten Teammitglieder. Das führt zunehmend zu Spannungen innerhalb Ihrer Abteilung. Da es aufgrund von Sparmaßnahmen im Unternehmen einen Aufnahmestopp gibt, planen Sie, intern Ressourcen umzuschichten.

Ganz konkret geht es dabei um Herrn Wolf aus dem Team der Finanzbuchhaltung. Er ist 51 Jahre alt und seit 30 Jahren im Unternehmen tätig. Er verfügt über gute Fachkenntnisse, allerdings in einem Bereich, der in den letzten Jahren durch den Einsatz spezifischer EDV-Applikationen an Arbeitsintensität abgenommen hat. Sie wissen, dass Herr Wolf ressourcenmäßig nicht ausgelastet ist. Außerdem ist sein Gehalt aufgrund der langjährigen Zugehörigkeit das höchste in der gesamten Abteilung.

Das jährliche Mitarbeitergespräch mit Herrn Wolf steht bevor. Für Sie steht fest, dass es zu einer organisatorischen Änderung kommen wird und Herr Wolf zukünftig zu 50 % dem überlasteten Team Berichtwesen zugeordnet wird. Das wollen Sie ihm im Gespräch mitteilen. Sie rechnen allerdings mit Unverständnis und massivem Widerstand. Er hält sich Ihrer Meinung nach für unverzichtbar in der Finanzbuchhaltung. Es ist auch anzunehmen, dass er die Zuordnung ins Berichtswesen als Degradierung empfinden wird, da es sich dabei aus seiner Sicht um „reine Datenmanipulation“ handelt, also „niedrige“ Tätigkeiten.

Trotz dieser Befürchtungen möchten Sie Herrn Wolf von Ihren Plänen in Kenntnis setzen. Sie sind entschlossen, Ihr Vorhaben auf jeden Fall umzusetzen. Egal, wie seine Reaktion ausfällt. Auch deshalb, weil die Minderauslastung von Herrn Wolf bereits für Unruhe in der Abteilung sorgt.

Wie gehen Sie in diesem Fall vor?

Worauf müssen Sie achten?

Unsere Sichtweise/Empfehlung:

Im Gegensatz zu den vorangehenden Beispielen steht hier die „Lösung" bereits fest. Jemanden vor vollendete Tatsachen zu stellen ist heikel, aber manchmal im Sinne der Ergebnisorientierung auch unumgänglich. Sie haben sich als Führungskraft für diesen Weg entschieden. Wer A sagt, muss B tun. Es geht also darum, eine getroffene Entscheidung auch bei Widerstand konsequent umzusetzen.

Bei erwartbar schwierigen Gesprächen ist eine umfassende Vorbereitung unverzichtbar. Dabei kann die Checkliste (siehe Seite 96) sehr hilfreich sein. Empfehlenswert ist eine Gesprächssimulation in einem Coaching. Sie können dabei Ihre Argumentationslinie überprüfen und sich gut auf mögliche Gegenargumente einstellen.

Bedenken Sie, dass bei der Übermittlung unangenehmer Nachrichten der Aspekt der Gesichtswahrung für die betroffene Person sehr wichtig ist. In diesem Fall wäre es eine Möglichkeit, mit Herrn Wolf zu „vereinbaren", dass die neue Arbeitsaufteilung vorerst befristet auf 6 Monate festgelegt wird. Die Erfahrung zeigt, dass mit der Zeit die Widerstände schwinden und Neues dann doch akzeptiert wird.

Abschließende Worte

In Konflikten steckt viel Potential. Sowohl in positiver als auch in negativer Hinsicht. Wenn es gelingt, unterschiedliche Sichtweisen und daraus resultierende Meinungsverschiedenheiten gemeinsam zu lösen, kann das ein Team zu einer verschworenen Gemeinschaft machen. Wenn erst gar nicht versucht wird, einen latenten Konflikt zu thematisieren, kann sich daraus eine „unguided missile“ mit ungeheurer Sprengkraft entwickeln. Die irgendwann und irgendwo einschlägt, zum Schaden aller.

Nicht der Konflikt an sich ist das Problem, sondern sehr häufig nur die Art und Weise, wie wir damit umgehen. Wir entscheiden durch unsere Haltung und durch unsere Handlungen, in welche Richtung er sich entwickelt.

Wir hoffen, wir konnten Sie, werte Leserinnen und Leser, mit unseren Erfahrungen und Ansichten dafür sensibilisieren. Und wir hoffen auch, dass Sie in unserem Methodenkoffer passende Werkzeuge gefunden haben, die Ihnen im Anlassfall helfen, mit Unterschieden konstruktiv und lösungsorientiert umgehen zu können.

Auf einen wichtigen Aspekt möchten wir abschließend noch hinweisen: Konflikte lassen sich nach bestimmten Mustern recht gut charakterisieren. Dafür stehen in der Konflikttheorie verschiedene Modelle zur Verfügung. Konflikttypen, Konfliktarten, Konfliktdynamiken – um nur einige zu nennen. Wer mehr darüber wissen möchte, kann sich dazu einschlägige Literatur besorgen. Oder an unserem Lehrgang zum Konfliktberater/zur Konfliktberaterin teilnehmen (siehe Seite 124). Theoretisches Hintergrundwissen ist immer nützlich und hilfreich.

Auch wenn sich viele Konfliktsituationen ähneln mögen: Jeder einzelne Konflikt ist für sich einzigartig. Das liegt in erster Linie an den beteiligten Personen. Diese sind in ihrem Denken, Fühlen und Handeln ebenfalls einzigartige Individuen. Daher entwickeln an sich ähnlich gelagerte Konflikte immer auch eigene, spezifische Dynamiken. Das liegt auch an den unterschiedlichen Rahmenbedingungen in den Unternehmen. Denn jede Organisation hat im Laufe der Zeit auch ihre eigene Konfliktkultur entwickelt.

Gerade, was die Rahmenbedingungen in den Unternehmen betrifft, ist aktuell unglaublich viel im Umbruch. Der Umstieg in eine hybride Arbeitswelt bringt viele Veränderungen mit sich. Und wird auch massive Auswirkungen auf die Anforderungen eines professionellen Konfliktmanagements in den Organisationen haben. Daher wollen wir dieser Entwicklung Rechnung tragen und die letzten Seiten dieses Buches der Thematik „Konfliktarbeit in einer hybriden Arbeitswelt“ widmen.

Vielen Dank dafür, dass Sie sich Zeit für unsere Ansichten und Überlegungen genommen haben. Niemand mag Konflikte, aber wenn sie dennoch auftreten, denken Sie auch an folgende Worte:

Die Schönheit in einem Menschen zu sehen ist dann am nötigsten,
wenn er auf eine Weise kommuniziert,
die genau das am schwierigsten macht.
(Marshall B. Rosenberg, Psychologe & Mediator)

Ausblick: Konflikte bei der hybriden Zusammenarbeit lösen

Konfliktdynamiken und die zugehörigen Lösungstipps sind zeitlos. Aber eine zunehmend digitalisierte Arbeitswelt schafft neue Rahmenbedingungen, die es in der Konfliktbearbeitung zu beachten gilt. Auf diese Entwicklung wollen wir in unserem abschließenden Kapitel eingehen.

„Computer aus – Problem und Konflikt weg." Nach dieser Maxime agieren wir oft bei der virtuellen Zusammenarbeit – unter anderem weil uns noch die nötigen Verhaltensmuster und Routinen fehlen, wie man Konflikte bei der digitalen Kommunikation und Kooperation vermeiden und lösen kann.

„Konflikte klärt man persönlich." Diesen Ratschlag erhielten Sie vermutlich schon oft. Doch gilt er auch im digitalen Zeitalter? Spätestens seit Ausbruch der Corona-Pandemie arbeiten viele Berufstätige in und mit Teams, deren Mitglieder sich nie oder nur sporadisch persönlich treffen. Kommunikation und Kooperation erfolgen entweder online oder per Telefon. Wenn bis zum nächsten persönlichen Treffen noch viel Zeit verstreicht, muss bei akuten und heißen Konflikten die Konfliktklärung oder -lösung oft über digitale Kanäle erfolgen. Denn je länger ein Missverständnis oder Konflikt ungeklärt bleibt, desto mehr Energie kostet es und die Gefahr einer Eskalation steigt.

Veränderte Rahmenbedingungen erfordern anderes Vorgehen

Bei der digitalen Zusammenarbeit gilt es folgende drei spezielle Rahmenbedingungen zu beachten, die bei Konflikten ein teils anderes Vorgehen erfordern.

1. Spontane, informelle Treffen fehlen

Bei der klassischen Zusammenarbeit treffen sich Mitglieder eines Teams im Büroflur oder Lift, in der Kaffeeküche oder Kantine, mehr oder minder häufig zufällig. Bei diesen Treffen erfolgt eine informelle Kommunikation á la

- „Hast du schon gehört, dass …" oder
- „Wie findest du, dass ..."

In ihr werden für den sozialen Zusammenhalt wichtige Informationen geteilt, das stärkt die Identifikation mit der Firma und dem Team. Außerdem wird so mancher sich anbahnender oder potentieller Konflikt schon im Vorfeld bereinigt.

Bei der digitalen Zusammenarbeit fehlt dieser spontane informelle Austausch. Wir können mit Hilfe der Technik hierfür zwar künstlichen Ersatz schaffen, die Online-Kommunikation bleibt aber trotzdem zielgerichteter und folglich selektiver. So laden wir zum Beispiel in unsere Chat- oder WhatsApp-Gruppen in der Regel primär Personen ein,

- die uns sympathisch sind und ähnlich wie wir denken oder
- mit denen wir jobbedingt regelmäßig kommunizieren müssen.

Dies ist ein entscheidender Unterschied. Im Büroflur oder Lift und in der Kaffeeküche treffen wir zufällig auf alle möglichen Menschen – auch solche, deren Kontakt wir ansonsten nie suchen würden. Daraus erwächst die Chance, mit ihnen über heikle Themen zu sprechen, Zudem erhalten wir in diesen Gesprächen nicht selten Informationen, die uns sonst nie erreichen würden.

2. Vertrauen wächst online schwerer

Die zentrale Voraussetzung für eine erfolgreiche und weitgehend konfliktfreie Zusammenarbeit ist Vertrauen – und sei es nur in die fachliche Kompetenz und Zuverlässigkeit der jeweils anderen Person. Vertrauen hat jedoch auch eine körperliche Dimension. Man denke nur an den Handschlag bei geschäftlichen Verhandlungen. Bei Online-Meetings und -Gesprächen fehlen sowohl die olfaktorische als auch taktile Wahrnehmung des Gegenübers. Dasselbe gilt für die Kommunikation per E-Mail. Hier entfallen zudem Mimik und Gestik des Gegenübers. Deshalb ist diese Kommunikation meist auch reduzierter und komprimierter und weniger dialogisch als die persönliche. Und es entstehen auch häufiger Missverständnisse, die nicht selten Konflikte entfachen.

3. Routinen fürs digitale Konfliktmanagement fehlen

Im klassischen Betriebsalltag haben sich mit der Zeit zumeist Regeln etabliert, wie mit (potenziellen) Konflikten umgegangen wird – zum Beispiel, indem eine Teamleitung im wöchentlichen Meeting unter dem Tagungsordnungspunkt „Sonstiges“ nachfragt:

- „Ist in der Kaffeeküche immer noch so ein Chaos?“ oder:
- „Herr Meyer und Frau Müller, klappt es nun mit der wechselseitigen Information?“

Oder indem wir, wenn uns ein Sachverhalt unklar ist, ins Nachbarbüro gehen und nachfragen: „Könnten Sie mir mal kurz erklären,…“ und danach sagen: „Es würde mich freuen, wenn Sie künftig dies oder jenes tun würden. Dann könnte ich besser …“ So wird so manche Irritation, aus der ein

Konflikt erwachsen könnte, aus dem Weg geräumt – auch weil wir uns letztlich alle ein entspanntes Miteinander mit den Menschen wünschen, die wir täglich sehen.

Konflikte angehen, statt auf die lange Bank schieben

Anders ist dies bei der digitalen Zusammenarbeit. Hier haben wir für den Umgang mit den mehr oder minder großen Ärgernissen im Arbeitsalltag noch keine adäquaten Routinen und Verhaltensmuster entwickelt. Wir schieben Sachverhalte, die uns irritieren, oft auch aus Bequemlichkeit auf die lange Bank, denn sonst müssten wir aktiv werden und dem jeweiligen Gegenüber eine E-Mail schreiben oder sie per Telefon kontaktieren. Das führt nicht selten dazu, dass sich mit der Zeit starker Unmut anstaut, der wiederum zu massiven Konflikten führt. Diese lassen sich oft nur noch schwer beheben, weil inzwischen bereits tiefe emotionale Wunden entstanden sind.

Wie lassen sich solche Entwicklungen vermeiden? Worauf sollten wir bei online geführten Konfliktgesprächen achten? Und: Wie können wir dafür sorgen, dass mittelfristig in unserem Team eine konstruktive Konfliktkultur entsteht, auch bei virtueller oder hybrider Zusammenarbeit?

6 Tipps für den Umgang mit Konflikten bei der digitalen Zusammenarbeit

Konflikte lassen sich grundsätzlich nur lösen, wenn ehrliches Interesse aller beteiligten Konfliktparteien daran besteht. Das gilt auch im digitalen Kontext. Eine konstruktive und sichere Gesprächsatmosphäre ist ein elementarer Bestandteil für eine konstruktive Konfliktlösung.

Tipp 1: Routinen einführen

Gerade, wenn ein Team am Anfang einer gemeinsamen virtuellen oder hybriden Zusammenarbeit steht, sollte man in die Konfliktkultur investieren. Denn: Nicht jeder Mensch ist es gewohnt, über Gefühle und Eindrücke sowie Missverständnisse und Irritationen im Team offen zu sprechen – schon gar nicht online. Am einfachsten können Sie hier gegensteuern, indem Sie in den Kommunikations- und Kooperationsprozess gezielt entsprechende Routinen einbauen. Das kann in Form von Austauschtreffen oder kurzen Check-In-Fragen zu Beginn eines Online-Meetings geschehen.

Tipp 2: Ein Vorbild sein

Meist ist es keine gute Strategie, darauf zu warten, dass andere Personen die potenziell heiklen Themen ansprechen. Werden Sie aktiv. Angenommen,

Sie haben sich über einen Sachverhalt zu Recht oder Unrecht geärgert. Dann kommunizieren Sie dies offen – möglichst in Form einer Ich-Botschaft. Hierfür ein Beispiel: „Ich hatte bei unserem letzten Online-Meeting den Eindruck, dass ich als einziger Teilnehmer vorbereitet war. Das hat mich geärgert, weil ...“

Tipp 3: Digitale Räume zur Konfliktlösung schaffen

Im digitalen Kontext fällt es uns leicht, Konflikten aus dem Weg zu gehen. Doch so einfach ist das leider meist nicht, auch weil bei der digitalen Zusammenarbeit oft die spontanen Treffen fehlen, in denen wir "en passant" artikulieren können, was uns belastet und unsere Arbeit erschwert. Achten Sie deshalb darauf, dass sich Ihre Teammitglieder pro-aktiv Orte zur Konfliktklärung schaffen – zum Beispiel in Form von Chat- oder Videokonferenz-Rooms bzw. Kleingruppensitzungen. Denn: Konflikte sind normal, wenn Menschen zusammenarbeiten. Und denken Sie daran: Bei "heißen" Konflikten, bei denen schon emotionale Wunden entstanden sind, ist oft auch online eine Moderation durch neutrale Dritte nötig.

Tipp 4: Die Konfliktarena klein halten

Laden Sie zu einem Konfliktgespräch stets nur die direkt involvierten Personen ein. Lassen Sie sich durch die Digitaltechnik nicht dazu verleiten, möglichst viele Leute einzuladen. Für das Lösen von Konflikten ist es oft nötig, dass Personen über ihren eigenen Schatten springen. Das fällt ihnen im kleinen Kreis meist leichter, vor allem wenn für gewisse Dinge Vertraulichkeit vereinbart wurde.

Tipp 5: Auf das digitale Wir-Gefühl achten

Wie gut die Zusammenarbeit funktioniert, hängt – egal ob in analogen, digitalen oder hybriden Teams – stets auch vom vorhandenen Gemeinschaftsgefühl ab. Bei einer digitalen Zusammenarbeit fehlt häufig der spontane informelle Austausch, der das Wir-Gefühl stärkt. Also sollte diese Form der Kommunikation auch digital - sozusagen künstlich - ermöglicht werden. Zum Beispiel durch Meetings, die rein dem „Smalltalk“ dienen. Zudem sollten in Online-Meetings, sofern möglich, nicht nur die „Hard Facts“ und „Needs“ abgearbeitet werden. Planen Sie in der Agenda bewusst auch Zeit für den informellen, persönlichen Austausch sowie die Beziehungspflege ein.

Tipp 6: Die Redeanteile im Auge behalten

Im digitalen Raum ist es wichtig, Gesprächen mehr Struktur zu geben als bei persönlichen Treffen. Hierzu zählt auch, im Blick zu haben, ob bei Konfliktgesprächen alle Beteiligten ähnlich große Redeanteile haben. Vielredner zu stoppen und Schweiger gezielt zu aktivieren, erfordert online eine aktive Moderation. Achten Sie auch darauf,

- ob sich jemand auffällig zurückzieht,
- ob auf die Themen und Statements der jeweils anderen Seite eingegangen wird und
- wie die Beteiligten mit Emotionen umgehen.

Generell gilt: Erfolgt ein großer Teil der Kommunikation und Zusammenarbeit digital, sind die verbleibenden realen Begegnungen umso wichtiger für

- die Reflexion der Kooperation,
- die Entwicklung und Aufrechterhaltung des Teamspirits und
- den Auf- und Ausbau persönlicher, von Vertrauen geprägter Beziehungen.

Organisieren Sie daher, sofern möglich, auch bei einer weitgehend virtuellen Zusammenarbeit in bestimmten Abständen persönliche Treffen aller Teammitglieder. Ein persönliches Kennen- und Verstehenlernen sowie gemeinsames Feiern wirken Konflikten entgegen. Entstehen diese trotzdem, gilt auch bei einer virtuellen Zusammenarbeit: Ein persönliches Konfliktgespräch ist, einer digitalen Konfliktbearbeitung vorzuziehen. Speziell dann, wenn es für eine nachhaltige Konfliktlösung nötig ist, dass die Konfliktparteien einander in die Augen schauen.

Methoden zum Fördern des digitalen Wir-Gefühls

Check-In-Fragen: Das kostenfreie Tool ASK (https://ask.seminarconsult.at/) bietet 500 witzige Fragen, die man für Start- oder Abschlussrunden in virtuellen Teams verwenden kann. „Wenn du die Welt regieren würdest, was würdest du an Tag 1 ändern?“ oder „Mit wem würdest du gerne ab und zu deinen Job tauschen?“ sind Beispiele. Diese können von jedem im Team kurz beantwortet werden. Bei einem sehr großen Team können die Runden auch in kleineren Untergruppen, die man immer wieder wechselt, durchgeführt werden.

Quality Fun Time: In diesem Zeitfenster geht es darum, gemeinsame Momente zu schaffen, zu lachen, nachzudenken und sich auszutauschen – zum Beispiel, indem man gemeinsam ohne Leistungsdruck etwas spielt. Spielideen finden Sie unter anderem hier:

https://blog.fundraisingbox.com/16-virtuelle-teambuilding-spiele-fuer-remote-teams-im-homeoffice .

Blind Date: Um zufällige Begegnungen zu forcieren, werden jeweils Personen-Paare gebildet, die sich im Laufe der Woche zu einem virtuellen Kaffee oder Mittagessen verabreden oder miteinander beim Spaziergehen telefonieren.

Die Autoren

Harald Schmid

Inhaber von *klaglos.at*, Unternehmensberater, Managementtrainer, Mediator und Coach in freier Praxis, davor langjähriger HR-Leiter bei einem Marktleader in der österreichischen Finanzdienstleistung mit Sitz in Wien.

Studium der Betriebswirtschaftslehre an der WU Wien mit der Spezialisierung auf Verhaltensorientiertes Management, Ausbildungen zum systemischen Coach, zum Mediator mit Schwerpunkt Wirtschaftsmediation und in der gewaltfreien Kommunikation nach Marshall B. Rosenberg.

Arbeitsschwerpunkte: Begleitung und Beratung von Unternehmen in schwierigen Führungssituationen, Management-Coaching, Konfliktberatung, -moderation und Training nach den P-I-E-Modell, Begleitung von Unternehmen in Restrukturierungs-Projekten, Optimierung von Personalkosten-Strukturen, Beratung im Trennungsmanagement, Outplacement-Beratung und Karriere-Coaching

Weitere Informationen erhalten Sie unter https://www.klaglos.at

Sabine Prohaska

Inhaberin von *seminar consult prohaska*, Managementtrainerin, Coach, Fachbuch-Autorin, Vorstand in der Vereinigung der Business Trainer Österreichs.

Studium der Wirtschaftspsychologie in Wien, Ausbildungen zur Arbeits- und Gesundheitspsychologin, Zertifikat für systemisch lösungsorientiertes Coaching.

Arbeitsschwerpunkte: Im Bereich von Beratungs-/Gesprächs- und Trainingskompetenz gilt sie als führende Expertin und bietet sowohl offene als auch firmeninterne Lehrgänge dazu an. Sabine Prohaska hat 4 Fachbücher zu diesen Themenfeldern im Junfermann Verlag publiziert und ist Gewinnerin des europäischen Trainingspreises 2018/19. Darüber hinaus arbeitet sie als Führungskräftecoach und Vortragende auf Kongressen.

Weitere Informationen erhalten Sie unter https://www.seminarconsult.at

Ausbildung zum Konfliktberater
Lösungsorientiert in einer hybriden Arbeitswelt

Die Arbeit von Konfliktberaterinnen und Konfliktberatern basiert auf dem Ansatz, Konflikte möglichst früh zu erkennen und lösungsorientierte Interventionen zu setzen. Frühzeitig erkannt und konstruktiv bearbeitet, bieten Konflikte die Chance, neue Sichtweisen, Methoden und Problemlösungen zu fördern. Einvernehmlich und erfolgreich beendete Konflikte können das Betriebsklima positiv beeinflussen und die Motivation der Beteiligten steigern.

Mit Hilfe von Konfliktberaterinnen und Konfliktberatern können Konflikte im Idealfall zu einem Zeitpunkt bearbeitet werden, an dem sie auch noch steuerbar sind. Damit werden Eskalationen vermieden, die nur mehr durch arbeitsrechtliche Instrumente zu bewältigen sind und das Risiko von Konfliktkosten bergen.

Lehrgangspaket

- 6 Module (9 Seminartage), die sich jeweils in synchrone Einheiten (Präsenzseminar und Live- Online-Seminar) und asynchronen Aufgaben aufteilen
- Zugang zu unserer Lernplattform mit Seminarunterlagen, Fotoprotokollen, Praxisleitfäden uvm.
- **22-seitiges Everything DiSG® Productive Conflict Profil**
- Persönliche Betreuung

Module und Inhalte

Modul	Format	Inhalte
1. **Rolle & Haltung in der Konfliktarbeit** - 1/2 Tag - Sabine Prohaska Harald Schmid		▪ Vorstellung des TrainerInnen-Teams ▪ Kennenlernen der TeilnehmerInnen ▪ Organisatorische Rahmenbedingungen und Fragen ▪ Haltung und Rollenbilder in der Konfliktarbeit
2. **Grundlagen Konflikt-management** - 2 Tage - Harald Schmid		▪ Konfliktbasics - Vom Unterschied zum Konflikt ▪ Kostentreiber Konflikt - betriebswirtschaftliche Auswirkungen ▪ Reflexion des eigenen Konfliktverhaltens ▪ Konfliktanalyse & Konfliktdynamiken ▪ Fallbeispiele aus der Praxis
3. **Spezielle Konfliktsituationen** - 3 Std. - Sabine Prohaska Harald Schmid		In einer Art „online Kamingespräch" beleuchten wir mit einer Expertin spezielle Problemfelder in der Konfliktarbeit. ▪ Mobbing, Burn-Out, Sexuelle Belästigung ▪ Erkennen der eigenen Grenzen in der Konfliktarbeit ▪ Einbindung/Nutzung von internen Ressourcen (HR, Betriebsarzt, BR...)
4. **Lösungsorientierte Gesprächsführung** - 2 Tage - Sabine Prohaska		▪ Aufbau und Phasen eines Konfliktgesprächs ▪ Die Zielformulierung als Erfolgsfaktor im Konfliktcoaching ▪ Lösungsorientierte Gesprächstechniken im Konfliktcoaching ▪ Fallbeispiele aus der Praxis ▪ Praxistransfer: Gesprächsführung mit Feedbacksequenz (Rollenspiele)
5. **Konflikte in der Remote-Arbeitswelt** - 1/2 Tag - Sabine Prohaska Harald Schmid		▪ Unterschiede von Präsenz-und Online-Konfliktarbeit ▪ Chancen und Herausforderungen ▪ Vorbereitung von Online-Konfliktmanagement Einheiten ▪ Überblick über verschiedene digitale Tools und Methoden
6. **Konfliktmoderation/-mediation** - 2 Tage - Harald Schmid		▪ Besonderheiten im Umgang mit mehreren Konfliktparteien ▪ Aufbau und Phasen einer Konfliktmoderation ▪ Interventionstechniken in der Konfliktmoderation ▪ Grenzen der internen Konfliktmoderation/ Einsatz von Mediation ▪ Praxistransfer: Fallarbeit mit Feedbacksequenz (Rollenspiele)

Zielpersonen

Mitarbeiter & Mitarbeiterinnen von Personalabteilungen, Führungskräfte, Gleichbehandlungsbeauftragte, Betriebsräte, externe Trainerinnen & Trainer, Coaches, Unternehmensberater

Lehrmethode

- Vermittlung theoretischer Grundlagen mit Sequenzen zur Selbstreflexion
- Fallbeispiele sowie Gesprächssimulationen mit individuellem Feedback
- Nutzung unserer Lernplattform mit vertiefenden Videos und Materialien
- Arbeit mit dem Everything DiSG® Productive Conflict Profil.

Der Nutzen für Unternehmen:

Sie verfügen über Mitarbeitende, die in der Lage sind, Konflikte frühzeitig zu erkennen und das Rüstzeug haben, in Einzel- oder Gruppengesprächen kompetent und lösungsorientiert zu agieren. Außerdem verfügen sie über Wissen im Umgang mit Konflikten im Distance Working. Das fördert die Entwicklung einer konstruktiven Konfliktkultur, verhindert Konfliktfolgekosten und sichert auch Ihre Arbeitgeber-Attraktivität.

Der Nutzen für Sie als Teilnehmerin oder Teilnehmer:

Sie erhalten eine kompakte und praxisorientierte Ausbildung, die Sie befähigt Ihren Kollegen und Kolleginnen in schwierigen Konfliktsituationen beratend zur Seite zu stehen. Sie kennen die Risiken und Dynamiken von ungelösten Konflikten und von Remote-Arbeitssettings. Sie sind in der Lage durch lösungsorientierte Fragetechnik im Einzelsetting zu unterstützen und Sie verfügen über das nötige Werkzeug, um im Bedarfsfall ein Konfliktgespräch zu moderieren.

https://www.seminarconsult.at/angebot/ausbildung-konfliktberater/